2009 教育部文科计算机基础教学指导委员会立项教材

高 等 学 校 计 算 机 基 础 课 程 规 划 教 材

新编Visual FoxPro程序设计

实 验 指 导

张洪瀚　张启涛　金一宁　主　编

杨　俊　韩雪娜　李　南　副主编

中国铁道出版社

CHINA RAILWAY PUBLISHING HOUSE

内 容 简 介

本书是主教材《新编 Visual FoxPro 程序设计实用教程》的配套教材，主要内容包括 4 章：第 1 章 主教材各个章节概要；第 2 章 上机实验指导，共 18 个上机实验；第 3 章 习题与参考答案；第 4 章 全国计算机等级考试二级 Visual FoxPro 上机考试模拟试卷及参考答案，包括 6 套模拟试卷及参考答案。附录 A～附录 E 中提供了主教材各章的习题答案及 Visual FoxPro 常用命令、常用函数、常用属性和常用文件类型。

上机实验指导的 18 个实验与授课计划同步，介绍了每次上机实验课具体的实验目的、实验范例和实验内容，使学生明确上机实验任务，在实验过程中加深对课堂所学知识的理解并提高实际动手能力。

本书适合作为各类高等院校计算机公共基础课的参考教材，也可作为全国计算机等级考试二级 Visual FoxPro 的辅导教材。

图书在版编目（CIP）数据

新编 Visual FoxPro 程序设计实验指导 / 张洪瀚，张启涛，金一宁主编.—北京：中国铁道出版社，2012.1（2015.8 重印）
高等学校计算机基础课程规划教材
ISBN 978-7-113-13790-8

Ⅰ．①新… Ⅱ．①张… ②张… ③金… Ⅲ．①关系数据库系统：数据库管理系统，Visual FoxPro－程序设计－高等学校－教学参考资料 Ⅳ．①TP311.138

中国版本图书馆 CIP 数据核字(2011)第 242244 号

书　　名：新编 Visual FoxPro 程序设计实验指导
作　　者：张洪瀚　张启涛　金一宁　主编

策　　划：吴宏伟　　　　　　　　　　读者热线：400-668-0820
责任编辑：周海燕
编辑助理：赵　迎
封面设计：付　巍
封面制作：白　雪
责任校对：汤淑梅
责任印制：李　佳

出版发行：中国铁道出版社（100054，北京市西城区右安门西街 8 号）
网　　址：http://www.51eds.com
印　　刷：三河市华业印务有限公司
版　　次：2012 年 1 月第 1 版　　　2015 年 8 月第 5 次印刷
开　　本：787mm×1 092mm　1/16　印张：12.75　字数：303 千
印　　数：15 501～16 500 册
书　　号：ISBN 978-7-113-13790-8
定　　价：23.00 元

大学生应用计算机的能力已成为他们毕业后择业的必备条件。能够满足社会与专业本身需求的计算机应用能力已成为合格大学毕业生的必备素质。因此，对大学各专业学生开设具有专业倾向或与专业相结合的计算机课程是十分必要、不可或缺的。

　　为了满足大学生在计算机教学方面的不同需要，教育部高等教育司组织高等学校文科计算机基础教学指导委员会编写了《高等学校文科类专业大学计算机教学基本要求》（下面简称《基本要求》）。

　　《基本要求》把大文科各门类的计算机教学，按专业门类分为文史哲法教类、经济管理类与艺术类等 3 个系列。其计算机教学的知识体系由计算机软硬件基础、办公信息处理、多媒体技术、计算机网络、数据库技术、程序设计，以及艺术类计算机应用 7 个知识领域组成。知识领域下分若干知识单元，知识单元下分若干知识点。

　　文科类专业大学生所需要的计算机的知识点是相对稳定、相对有限的。由属于一个或多个知识领域的知识点构成的课程则是不稳定、相对活跃、难以穷尽的。课程若按教学层次可分为计算机大公共课程、计算机小公共课程和计算机背景专业课程 3 个层次。

　　第一层次的教学内容是文科各专业学生应知应会的。这些内容可为文科学生在与专业紧密结合的信息技术应用方向上进一步深入学习打下基础。这一层次的教学内容是对文科生信息素质培养的基本保证，起着基础性与先导性的作用。

　　第二层次是在第一层次之上，为满足同一系列某些专业的共同需要（包括与专业相结合而不是某个专业所特有的）而开设的计算机课程。这部分教学在更大程度上决定了学生在其专业中应用计算机解决问题的能力与水平。

　　第三层次，也就是使用计算机工具，以计算机软硬件为依托而开设的为某一专业所特有的课程，其教学内容就是专业课。如果没有计算机为工具的支撑，这门课就开不起来。这部分教学在更大程度上显现了学校开设的特色专业的能力与水平。

　　为了落实《基本要求》，教指委还启动了"教育部高等学校文科计算机基础教学指导委员会计算机教材立项项目"工程。中国铁道出版社出版的"教育部文科计算机基础教学指导委员会立项教材高等学校计算机基础课程规划教材"，就是根据《基本要求》编写的由教指委认同的教材立项项目的集成。它可以满足文科类专业计算机各层次教学的基本需要。

　　由于计算机、信息科学和信息技术的发展日新月异，加上编者水平毕竟有限，因此本系列教材难免有不足之处，敬请同行和读者批评指正。

于北京中关村科技园

　　卢湘鸿　北京语言大学信息科学学院计算机科学与技术系教授，原教育部高等学校文科计算机基础教学指导委员会副主任、现教育部高等学校文科计算机基础教学指导委员会秘书长，全国高等院校计算机基础教育研究会常务理事，原全国高等院校计算机基础教育研究会文科专业委员会主任、现全国高等院校计算机基础教育研究会文科专业委员会常务副主任兼秘书长。

前言

Visual FoxPro 是小型关系数据库系统的杰出代表，Visual FoxPro 程序设计是高等院校开设范围最广泛的一门程序设计语言课程，同时也是教育部考试中心指定的全国计算机等级考试二级考试的科目之一。

本书是主教材《新编 Visual FoxPro 程序设计实用教程》的配套教材，包括章节概要、上机实验、习题与参考答案、全国计算机等级考试二级 Visual FoxPro 上机考试模拟试卷及参考答案 4 个部分。本书的特色是针对性强，突出应用，重视培养学生的实际动手能力。在章节概要中结合教师实际授课经验给出了主教材各章的要点，便于学生理解与掌握。上机实验部分按照授课计划同步给出了 18 个实验，每个实验都明确给出实验目的和实验内容，并提供一个有代表性的实验范例供学生参照，可以使学生及时消化每周所学内容，其中第 18 个实验是一个实际的小型数据库应用系统开发实例，可以使学生理论联系实际，融会贯通所学课程知识，积累程序调试经验，提高分析问题、解决问题的能力。习题与参考答案提供了大量的习题，可以使学生加强对课程的理解，从容应对期末考试和全国计算机等级考试二级 Visual FoxPro 考试。全国计算机等级考试二级 Visual FoxPro 上机考试模拟试卷及参考答案给出了 6 套模拟试卷及参考答案，有助于学生了解二级 Visual FoxPro 上机考试的题型和特点，有针对性地进行练习，为参加二级考试打下坚实的基础。附录中提供了主教材各章的习题答案以及 Visual FoxPro 常用命令、常用函数、常用属性和常用文件类型，为学生查询提供方便。

本书由哈尔滨商业大学张洪瀚、张启涛、金一宁担任主编；哈尔滨商业大学杨俊、韩雪娜、李南担任副主编。全书由张洪瀚教授统稿、定稿。

此书在编写的过程中得到了哈尔滨商业大学各级领导的大力支持和帮助，同时得到了哈尔滨商业大学计算机与信息工程学院教师的支持，在此一并感谢！

由于作者水平有限，错误和不当之处在所难免，欢迎读者对本书提出宝贵意见和建议。

编　者

2011 年 9 月

目录

第 **1** 章　主教材各章节概要

1.1　Visual FoxPro 基础概要

1.1.1　数据库的常用术语

1. 数据库（DataBase）

数据库（DB）是存储在计算机存储设备上，结构化的相关数据的集合。包括描述事物的数据和相关事物之间的联系。例如：数据表和数据表之间的联系。

2. 数据库管理系统（DataBase Management System）

数据库管理系统（DBMS）是建立、使用和维护数据库的系统软件。Visual FoxPro 就是一种数据库管理系统。

3. 数据库系统（DataBase System）

数据库系统（DBS）是引进数据库技术的计算机系统。

4. 数据库应用系统（DataBase Application System）

数据库应用系统（DBAS）是指系统开发人员利用数据库系统资源开发出来的，面向某一类实际应用的应用软件系统。例如：人事管理系统、图书管理系统等。

1.1.2　关系数据库

1. 关系

没有重复行和重复列的二维表称为一个关系，每个关系都有一个关系名。在 Visual FoxPro 中一个关系对应于一个表文件，其扩展名为.dbf。

2. 元组

二维表的每一行在关系中称为元组。在 Visual FoxPro 中一个元组对应表中一条记录。

3. 属性

二维表的每一列在关系中称为属性，每个属性都有一个属性名，属性值则是各个元组属性的取值。在 Visual FoxPro 中一个属性对应表中一个字段，属性名对应字段名，属性值对应各条记录的字段值。属性不可再分割，即表中不能再套表。

4. 域

属性的取值范围称为域。域作为属性值的集合，其类型与范围由属性的性质及其所表示的意义具体确定。

5．关键字

关键字是在关系中能唯一区分不同元组的属性或属性的组合。单个属性组成的关键字称为单关键字，多个属性组合的关键字称为组合关键字。关键字的属性值不能是空值（.NULL.）。在关键字中选定一个作为主关键字，主关键字是唯一的。

6．关系的基本性质

（1）关系必须规范化，属性不可再分割。

（2）属性名不能重复。

（3）无相同元组。

7．关系数据库

以关系模型建立的数据库就是关系数据库。在 Visual FoxPro 中，与关系数据库对应的是数据库文件，扩展名为.dbc。一个数据库文件可以包含若干个表文件，例如"学生管理"数据库包含 3 个表：

学生（学号，姓名，性别，出生日期，党员否，备注）

课程（课程号，课程名，学时，学分）

成绩（学号，课程号，成绩）

可以通过公共字段学号、课程号将 3 个表联系起来。

8．三种关系运算

（1）选择

选择是对一个关系表的记录进行选择，把符合某个条件的记录集选择出来，并重新构建一个原表的子集。表的结构不变，只是选择出若干个符合条件的记录。在 Visual FoxPro 中，通过命令中的子句 FOR <条件表达式>短语来实现选择运算。

（2）投影

投影是对一个关系表的字段进行选择，消去表中某些字段，并可以按要求重新安排字段的次序，新的关系模式中的属性个数比原来关系模式中的少。在 Visual FoxPro 中，通过命令中的子句 FIELDS <字段名表>来实现投影运算。

（3）连接

连接是按照两个关系表中相同字段间的一定条件对两个关系表中的记录进行有选择的连接，形成新的关系表。表的结构可取原来两个表中的字段，记录取原来两个表中满足连接条件的记录。在 Visual FoxPro 中，通过 JOIN 命令来实现连接运算。

1.1.3　Visual FoxPro 概述

1．Visual FoxPro 常用文件类型及扩展名

Visual FoxPro 常用文件类型及扩展名如表 1-1 所示。

表 1-1　Visual FoxPro 常用文件类型

扩 展 名	文 件 类 型	扩 展 名	文 件 类 型
.cdx	复合索引文件	.dbc	数据库文件
.dbf	表文件	.fpt	表备注文件

续表

扩 展 名	文 件 类 型	扩 展 名	文 件 类 型
.frx	报表文件	.mem	内存变量存储文件
.mnx	菜单说明文件	.mpr	生成的菜单程序
.prg	程序文件	.pjx	项目文件
.qpr	查询文件	.scx	表单文件

2. Visual FoxPro 命令概述

（1）Visual FoxPro 命令的一般格式

格式：<命令动词> [范围子句] [FIELDS 子句] [FOR 子句|WHILE 子句]

其中<>表示必选项目；[]表示可选项目；|表示在其中任选项目。在命令中以命令动词开头，其余子句排列顺序任意，命令动词与子句、子句与子句之间用空格分开。

（2）命令的书写规则

命令行中使用的英文字母可以大写、小写或大写小写混合。命令动词和子句中的英文单词可以用前 4 个字母表示。一个命令行只能书写一条命令，每条命令用【Enter】键结束，如果一行写不下，使用分号，然后通过【Enter】键来分行，在下一行继续书写。

3. Visual FoxPro 中几个简单命令

（1）输出命令

命令格式：?|??[<表达式列表>]

输出命令的功能是先计算表达式的值，再在 Visual FoxPro 主窗口显示表达式的结果。表达式列表中如果多于一项则两项之间用逗号分开。其中?命令是光标先换行后显示，??命令是直接在光标处显示。

（2）清屏命令

CLEAR 是清除 Visual FoxPro 主窗口中所有的内容。

（3）赋值语句

命令格式：STORE <表达式> TO <变量名表>
　　　　　　 <变量名>=<表达式>

第一条命令是把表达式的值存到 TO 后面的变量名表中各个变量中，如果多于一个变量，则变量名与变量名之间用逗号分开。也就是说使用此命令一次可以给多个变量赋相同的值。第二条命令是把表达式的值赋给赋值号左面的变量中，此时，一条命令只能给一个变量赋值。

（4）注释语句

命令格式：NOTE [<注释内容>]或* [<注释内容>]

程序在运行时遇到以 NOTE 或者以*开头的命令行不执行此条命令，这样的语句在程序中只起到注释的作用。此外也可以用&&作行尾注释。

4. Visual FoxPro 的可视化工具

（1）向导

用户使用向导可以非常方便地完成界面的创建及对数据库的各种操作。在"新建"对话框中可以选择使用向导进行创建。

（2）设计器

设计器是创建和修改应用系统各种组件的可视化工具。如表设计器、表单设计器等。

（3）生成器

生成器是带有选项卡的对话框，辅助设计器操作。可以简化对表单、复杂控件的创建和修改。如表单生成器、选项组生成器等。

1.2　Visual FoxPro 操作基础概要

1.2.1　Visual FoxPro 6.0 的系统应用环境

1. 系统菜单

菜单栏包括文件、编辑、显示、格式、工具、程序、窗口和帮助 8 个菜单，通过它们可以完成 Visual FoxPro 的基本操作。只要单击某菜单，就会弹出相应的一个下拉菜单（或称子菜单），它是一些相关选项（或称命令）的列表，再选择某选项则执行相应的命令。

> **说　明**
>
> 因为 Visual FoxPro 的菜单是随环境而动态改变的，所以用户看到的菜单中的选项可能有所不同。

2. 工具栏

工具栏是用于完成特定任务的图形按钮的组合。使用工具栏可以简化从菜单中选择选项的操作步骤，提高工作效率。

Visual FoxPro 提供了多种工具栏，如"常用"、报表控件、报表设计器、表单控件、表单设计器、布局、查询设计器、打印预览、调色板、视图设计器和数据库设计器等。其中"常用"工具栏为默认工具栏，该工具栏集中了 Visual FoxPro 中常用的命令。

3. 对话框

对话框是作为人机交互手段而自动弹出的特殊窗口。每个对话框的构成元素并不相同，但对话框中的文本框、列表框、组合框、选择框、标签、命令按钮和微调控件等从外形到使用方法都是一样的。因此，操作对话框就是学会对这些"框"和"按钮"的操作。

4. Visual FoxPro 6.0 的工作方式

Visual FoxPro 支持两种工作方式，即交互操作方式和程序执行方式。

（1）交互操作方式

交互操作方式包括单命令方式和界面操作方式。单命令方式是指用户在命令窗口中输入一条命令并按【Enter】键，系统将立即执行该命令并在主窗口显示执行结果。界面操作方式最突出的优点是操作简单、直观，其不足之处是步骤较为烦琐。

（2）程序执行方式

交互操作方式虽然方便，但用户操作与计算机执行互相交叉，降低了执行速度。为此，在实际工作中常常根据所解决问题的需要，按 Visual FoxPro 系统的约定编写成特定的命令序列，并将它们存储为程序文件（或称命令文件）。

程序执行方式突出的优点是不仅运行效率高，而且可以重复执行。

1.2.2 Visual FoxPro 6.0 的可视化管理工具

1. Visual FoxPro 6.0 的向导

向导是一种快捷的设计工具，它通过一组对话框依次与用户对话，引导用户分步完成 Visual FoxPro 的某项任务。用户需要在一系列向导对话框中回答问题或者选择选项，向导则会根据回答生成文件或者执行任务，帮助用户快速完成一般性的任务。

2. Visual FoxPro 6.0 的设计器

Visual FoxPro 的设计器具有更强的功能，是用来创建或者修改应用系统中各种组件的可视化工具。

Visual FoxPro 6.0 中的设计器主要包括数据库设计器、表设计器、查询设计器、表单设计器、报表设计器和菜单设计器等。各种设计器为初学者提供了方便的工具，使创建表、表单、数据库、查询和报表以及管理数据变得轻而易举。

3. Visual FoxPro 6.0 的生成器

生成器是带有选项卡的对话框，其主要功能是在 Visual FoxPro 应用程序的构件中生成并加入某类控件，用于简化对表单、复杂控件和参照完整性代码的创建和修改过程。

通常在以下 5 种情况下启动生成器：使用表单生成器来创建或修改表单；对表单中的控件使用相应的生成器；使用自动格式生成器来设置控件格式；使用参照完整性生成器来设置数据的完整性；使用应用程序生成器为开发的项目生成应用程序。

1.2.3 项目管理器

项目管理器是 Visual FoxPro 中处理数据和对象的主要组织工具，是 Visual FoxPro 的控制中心，它为系统开发者提供了极为便利的工作平台，从管理上对项目的开发与维护给予了有效的支持，用户可通过简便的、可视化的方法来组织和处理表、数据库、表单、报表、查询和其他文件。

1. 创建项目

项目管理器将一个应用程序的所有文件集合成一个有机的整体，称为项目文件，用户可以根据需要创建项目，项目文件以扩展名.pjx 及.pjt 保存。

"项目管理器"对话框是 Visual FoxPro 开发人员的工作平台，共有 6 个选项卡，如图 1-1 所示。其中数据、文档、类、代码、其他等 5 个选项卡用于分类显示各种文件，而"全部"选项卡用于集中显示该项目中的所有文件。一般常用的是"数据"和"文档"两个选项卡，对于应用系统的开发者而言，将要用到所有选项卡。

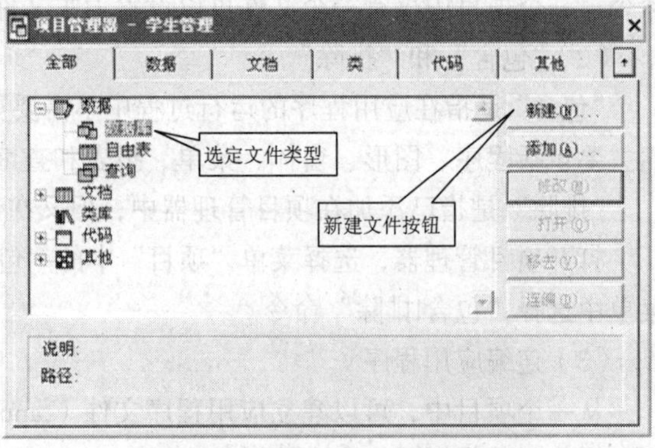

图 1-1　利用"项目管理器"对话框创建数据库文件

2. 项目文件的基本操作

项目管理器的右侧可以同时显示 6 个按钮，根据所选文件的不同，将出现不同的按钮组，用户可以通过可视化的操作在项目中创建、添加、修改、移去或运行指定的文件，执行操作最方便的方法是单击相应的命令按钮。

（1）创建文件

要在项目管理器中创建文件，首先要确定新文件的类型。"新建"按钮用于创建一个与当前选定的文件或对象的类型相同的新文件或对象。

利用"文件"菜单中的"新建"命令创建的文件不属于任何项目文件，而在项目管理器中新建的文件自动包含在该项目文件之中。

（2）添加文件

利用项目管理器可以把一个已经存在的文件添加到项目文件中，通常情况下，一个项目中可以添加多个数据库文件，而一个数据库中可以添加多个表文件。

在 Visual FoxPro 中，每一个文件都以独立文件的形式存在，新建或添加一个文件到项目中是指某个项目包含某个文件，即该文件与项目建立了一种关联，而不意味着该文件已成为项目文件的一部分。

（3）修改文件

利用项目管理器中的修改按钮可以随时修改项目文件中的指定文件。

（4）移去文件

项目中所包含的文件是为某一个应用程序服务的，如果某个文件不需要了，可以从项目中移去。

3．项目文件的连编与运行

一个典型的数据库应用程序由数据结构、用户界面、查询选项和报表等组成。在设计应用程序时，应仔细考虑每个组件将提供的功能以及与其他组件之间的关系。

连编就是将项目中所有的文件连接编译在一起，形成可执行的应用程序文件。

（1）设置主文件

将各个组件连接在一起，然后使用主文件为应用程序设置一个起始点。主文件作为应用程序执行的起始点，可以包含一个程序或者表单。当用户运行应用程序时，Visual FoxPro 将为应用程序启动主文件，然后主文件再依次调用所需要的应用程序的其他组件。

在"项目管理器"中选择要设置为主文件的文件，然后从"项目"菜单中选择"设置主文件"命令。一个项目中仅有一个文件可以设置为主文件。

（2）"包含"和"排除"

"包含"是指在应用程序的运行过程中不需要更新的项目，也就是一般不会再变动的项目。它们主要包括程序、图形、窗体、菜单、报表和查询等。

"排除"是指已添加在项目管理器中，但又在使用状态上被排除的项目。

打开项目管理器，选择菜单"项目"中的"包含|排除"命令；或者通过右击并在弹出的快捷菜单中选择"包含|排除"命令。

（3）连编应用程序

从一个项目中，可以建立应用程序文件（.app）或者可执行文件（.exe）。

操作步骤如下：

① 在"项目管理器"中单击"连编"按钮。

② 在"连编选项"对话框中的"操作"选项组中选择"连编应用程序"单选按钮，生成.app文件；或者选择"连编可执行文件"单选按钮建立一个.exe 文件。

③ 在"选项"选项组中选择所需的其他选项并单击"确定"按钮。

（4）运行应用程序

当为项目建立了一个最终的应用程序文件之后，用户可运行它。

若要运行.app 应用程序，可从"程序"菜单中选择"执行"命令，然后选择要执行的应用程序。也可以在命令窗口中，输入 DO 命令和应用程序文件名。例如，要运行应用程序 myapp.app，可输入：

```
DO myapp.app
```

如果从应用程序中建立了一个.exe 文件，用户可以使用如下几种方法运行该文件：

① 在 Visual FoxPro 中，从"程序"菜单中选择"运行"命令，然后选择一个应用程序文件。

② 在命令窗口中，使用 DO 命令，该命令带有所要运行的应用程序名字。

③ 在 Windows 操作系统中，双击该.exe 文件的图标。

例如，要运行一个名字为 myapp.exe 的文件，可在命令窗口输入：

```
DO myapp.exe
```

1.3　Visual FoxPro 的数据及其运算概要

1.3.1　常量和变量

1. 常量

常量用于表示一个具体的、不变的值。

（1）数值型常量：由数字、小数点和正负号组成。

（2）货币型常量：使用时在数值型常量前加前置符号$，保留 4 位小数。

（3）字符型常量：是字符串，定界符有半角的单引号、双引号或方括号。

（4）日期型常量：默认日期格式是{mm/dd/[yy]yy}，严格的日期格式是{^yyyy-mm-dd}。分隔符可以是/、-、.等，占 8 B 的宽度。

（5）日期时间型常量：默认格式是{mm/dd/[yy]yy[,][hh[:mm[:ss]][a|p]]}。a 和 p 分别表示 AM（上午）和 PM（下午），默认为 AM，占 8 字节的宽度。

（6）逻辑型常量：逻辑真用.T.、.t.、.Y.或.y.表示，逻辑假用.F.、.f.、.N.或.n.表示，占 1 B 的宽度。

2. 变量

变量是在操作过程中可以改变其值的数据对象。用户在 Visual FoxPro 中主要使用的变量是字段变量和内存变量两大类。确定一个变量，需要确定其 3 个要素：变量名、数据类型和变量值。

字段变量：表中的字段，赋值方式与内存变量不同。

内存变量：内存中的一块存储区域，包括简单的内存变量和数组。

（1）简单的内存变量

内存变量的赋值命令：=

```
            STORE<表达式> TO <内存变量名表>
```

表达式值的显示命令：?<表达式表>

```
            ??<表达式表>
```

内存变量的显示命令：LIST/DISPLAY MEMORY [LIKE<通配符>]

内存变量的清除命令：CLEAR MEMORY
　　　　　　　　　　RELEASE<内存变量名表>
　　　　　　　　　　RELEASE ALL[LIKE<通配符>|EXCEPT<通配符>]

同名引用时使用 M.（或 M->）。

（2）数组

定义数组命令：DIMENSION<数组名>
　　　　　　　DECLARE<数组名>

数组一经定义，里面的各变量具有初值.f.。

可以用一维数组的形式访问二维数组。

1.3.2 表达式

表达式是由常量、变量和函数通过特定的运算符连接起来的式子。

1．算术表达式

（1）算术运算符及其含义和优先级如表 1-2 所示。

表 1-2　算术运算符及其优先级

优　先　级	运　算　符	说　　　　明
1	（　）	形成表达式内的子表达式
2	** 或 ^	乘方运算
3	* / %	乘除运算和求余运算
4	+ -	加减运算

（2）求余运算：求余运算%和取余函数 MOD()的作用相同，余数的正负号与除数一致。

2．字符表达式

在 Visual FoxPro 中字符运算有两类：连接运算和包含运算。

连接运算符有完全连接运算符"+"和不完全连接运算符"-"两种。"+"运算的功能是将两个字符串连接起来形成一个新的字符串；"-"运算的功能是去掉字符串 1 尾部的空格，然后将两个字符串连接起来，并把字符串 1 末尾的空格放到结果字符串的末尾。

包含运算符是$。

3．日期和时间表达式

可以使用的运算符也有"+"和"-"两个，格式有限制，不能任意组合。

格式 1：<日期型数据>+<天数>

格式 2：<日期型数据>-<天数>

格式 3：<日期型数据 1>-<日期型数据 2>

4．关系表达式

关系运算符有：<（小于）; <=（小于等于）; >（大于）; >=（大于等于）; =（等于）; ==（精确等于）; <>、#、!=（不等于）。

关系运算符的作用是比较两个表达式的大小或前后，关系运算符的优先级相同。

（1）设置字符的排序次序

比较两个字符串时，自左向右逐个比较，根据字符的排序序列决定两个字符串的大小。

（2）字符串精确比较与 EXACT 设置

字符串精确比较使用双等号运算符==，运算结果是逻辑真.T.或逻辑假.F.。

使用设置命令 Set exact on/off。

5. 逻辑表达式

逻辑表达式是由逻辑运算符将逻辑型数据连接起来的式子，其运算结果仍是逻辑值。

逻辑运算符有：NOT 或!（逻辑非）、AND（逻辑与）、OR（逻辑或）。

逻辑运算符优先级：NOT 或!（逻辑非）、AND（逻辑与）、OR（逻辑或）依次降低。

1.3.3 常用函数

1. 数值函数

数值函数返回值往往都是数值型数据。

（1）绝对值函数：ABS(<数值型表达式>)

（2）求平方根函数：SQRT(<数值型表达式>)

（3）求整数函数：INT(<数值型表达式>)

        CEILING(<数值型表达式>)

        FLOOR(<数值型表达式>)

（4）求余数函数：MOD(<数值型表达式 1>,<数值型表达式 2>)

（5）四舍五入函数：ROUND(<数值型表达式 1>,<数值型表达式 2>)

（6）求最大值和最小值函数：MAX(<表达式 1>),<表达式 2>,…,<表达式 n>)

                  MIN(<表达式 1>),<表达式 2>,…,<表达式 n>)

（7）圆周率函数：PI( )

2. 字符函数

字符函数是处理字符型数据的函数，其自变量或函数值中至少有一个是字符型数据。

（1）宏替换函数：&<字符型内存变量>[.字符表达式]

（2）求字符串长度函数：LEN(字符型表达式)

（3）求子串位置函数：AT(<字符型表达式 1>,<字符型表达式 2>[,数字表达式])

             ATC(<字符型表达式 1>,<字符型表达式 2>[,数字表达式])

（4）取子串函数：LEFT(<字符型表达式>,<数值型表达式>)

          RIGHT(字符型表达式>,<数值型表达式>)

          SUBSTR(<字符型表达式>,<数值型表达式 1>[,<数值型表达式 2>])

（5）删除前后空格函数：LTRIM(<字符型表达式>)

               RTRIM(<字符型表达式>)

               ALLTRIM(<字符型表达式>)

（6）空格字符串生成函数：SPACE(<数值型表达式>)

（7）子串替换函数：STUFF(<字符型表达式 1>,<数值型表达式 1>,<数值表达式 2>,

        <字符型表达式 2>)

（8）字符串匹配函数：LIKE (<字符型表达式 1>,<字符型表达式 2>)

 提示

其中<字符表达式 1>中可包含通配符*和?。*表示若干个任意字符; ?表示任意一个字符。

（9）大小写转换函数：LOWER(<字符型表达式>)

UPPER(<字符型表达式>)

3．日期和时间函数

（1）系统日期和时间函数：DATE( )

TIME( )

DATETIME( )

（2）求年份、月份和天数的函数：YEAR(<日期型表达式>|<日期时间型表达式>)

MONTH(<日期型表达式>|<日期时间型表达式>)

DAY(<日期型表达式>|<日期时间型表达式>)

（3）求时、分和秒的函数：HOUR(<日期时间型表达式>)

MINUTE(<日期时间型表达式>)

SEC(<日期时间型表达式>)

4．数据类型转换函数

（1）将字符转换成 ASCII 码的函数：ASC(<字符型表达式>)

（2）将 ASCII 值转换成相应字符函数：CHR(<数值型表达式>)

（3）将字替串转换成日期或日期时间函数：CTOD(<字符型表达式>)

CTOT(<字符型表达式>)

（4）将日期或日期时间转换成字符串函数：DTOC(<日期表达式>[,1])

TTOC(<日期时间表达式>[,1])

（5）将数值转换成字符串函数：STR(<数值型表达式>[,<长度>[,<小数位数>]])

（6）将字符串转换成数值函数：VAL(<字符型表达式>)

5．测试函数

通过测试函数，使用户可以获取操作对象的相关属性。

（1）数据类型测试函数：VARTYPE(<表达式>[,<逻辑表达式>])

VARTYPE 函数测得的数据类型如表 1-3 所示。

表 1-3　VARTYPE()测得的数据类型

返 回 字 母	数 据 类 型	返 回 字 母	数 据 类 型
C	字符型或备注型	G	通用型
N	数值型、整型、浮点型或双精度型	D	日期型
Y	货币型	T	日期时间型
L	逻辑型	X	.NULL.
O	对象型	U	未定义

（2）表头测试函数：BOF(([<工作区号>])|<别名>])

（3）表尾测试函数：EOF(([<工作区号>])|<别名>])

（4）记录号测试函数：RECNO(([<工作区号>])|<别名>])

（5）记录个数测试函数：RECCOUNT(([<工作区号>])|<别名>])

（6）查找是否成功测试函数：FOUND([<工作区号|别名>])

（7）记录删除测试函数：DELETED([表的别名]/工作区号)

（8）值域测试函数：BETWEEN(<被测试表达式>,<下限表达式>,<上限表达式>)

（9）空值（NULL）测试函数：ISNULL(<表达式>)

（10）"空"值测试函数：EMPTY(<表达式>)

（11）条件测试函数：IIF(<逻辑表达式>,<表达式 1>,<表达式 2>)

1.4　Visual FoxPro 数据库及其操作概要

1.4.1　数据库的建立及其操作

1．建立数据库

在 Visual FoxPro 中，可以使用菜单操作方式、命令方式和项目管理器 3 种方式建立数据库。

2．使用数据库

在数据库中建立表或使用数据库中的表时都必须打开数据库。打开数据库的方法有 3 种。

3．修改和删除数据库

在 Visual FoxPro 中，修改数据库实际是打开数据库设计器，在其中完成各种数据库对象的建立、修改和删除等操作。

1.4.2　数据库表的建立及操作

1．建立数据库表

建立数据库表的命令格式为：

CREATE [<表文件名>|?]

2．数据库表的基本操作

（1）打开、关闭表

格式：USE [[<盘符>][<路径>]<[数据库名!][表文件名 | ?>]

（2）显示记录

格式：LIST | DISPLAY [FIELDS <字段名表>][<范围>] [FOR<逻辑表达式>] [WHILE <逻辑表达式>][OFF][NOCONSOLE] [TO PRINTER [PROMPT] | TO FILE<文件名>]

范围有以下 4 种表示方法：

① ALL：所有记录。

② NEXT N：从当前记录开始，后面的 N 条记录（包括当前记录）。

③ RECORD N：第 N 条记录。

④ REST：当前记录后的全部记录（包括当前记录）。

（3）修改记录

显示记录格式：BROWSE [FIELDS <字段名表>] [FOR <逻辑表达式>]

编辑修改记录格式：EDIT/CHANGE [FIELDS <字段名表>] [<范围>] [FOR <逻辑表达式 1>] [WHILE <逻辑表达式 2>]

（4）增加记录

追加记录：APPEND [BLANK]

插入记录：INSERT [BEFORE] [BLANK]

（5）删除记录

逻辑删除格式：DELETE [<范围>] [FOR <逻辑表达式>] [WHILE <逻辑表达式>]

物理删除格式：PACK [MEMO][DBF]

删除全部记录格式：ZAP

（6）查找记录

格式：LOCATE FOR<逻辑表达式 1>[<范围>][WHILE<逻辑表达式 2>]

继续查找：CONTINUE

索引查找：FIND

SEEK

（7）表的复制

表结构的复制：COPY STRUCTURE TO <文件名>[FIELDS<字段名表>]

表记录的复制：COPY TO<文件名> [FIELDS]< 字段名表> [<范围>] [FOR<逻辑表达式>] [WHILE <逻辑表达式>] [[TYPE] SDF|DELTMITED|XLS] [WITH <定界符>|BLANK]

1.4.3 索引的建立及使用

1. 索引

Visual FoxPro 系统中支持两种不同的索引文件类型，即单索引文件和复合索引文件。

单索引文件是根据一个索引关键字表达式（或关键字）建立的索引文件，文件扩展名.idx。单索引文件分为标准和压缩两种类型。

复合索引文件指索引文件中可以包含多个索引标识的扩展名为.cdx 的索引文件。

复合索引文件有两种：一种是独立复合索引文件；另一种是结构复合索引文件。结构复合索引文件是由 Visual FoxPro 自动命名的，与相应的表文件同名。

索引可分为下列 4 种类型：主索引、候选索引、唯一索引和普通索引。

2. 索引文件的建立

格式：INDEX ON <索引关键字表达式> TO <单索引文件> | TAG <标识名> [OF <独立复合索引文件名>] [FOR <逻辑表达式>] [COMPACT] [ASCENDING|DESCENDING] [UNIQUE] [ADDITIVE]

3. 索引的使用

打开索引文件：USE <文件名> [INDEX <索引文件名表|?>][ORDER <数值表达式> | <单索引文件名> | [TAG] <标识名> [OF <独立复合索引文件名>][ASCENDING | DESCENDING]]

关闭索引文件：

格式 1：USE

格式 2：SET INDEX TO

格式 3：CLOSE INDEX

设置当前索引：SET ORDER TO [<数值表达式 1> | <单索引文件名> | [TAG] <标识名> [OF < 独立复合索引文件名>] [IN <数值表达式 2> | <字符表达式>] [ASCENDING | DESCENDING]]

索引文件的更新：REINDEX [COMPACT]

索引文件的转换：COPY INDEXES <单索引文件名表> | ALL [TO <复合索引文件名>]

1.4.4 参照完整性

数据完整性（Data Integrity）是指数据的精确性（Accuracy）和可靠性（Reliability）。

数据完整性分为 4 类：实体完整性（Entity Integrity）、域完整性（Domain Integrity）、参照完整性（Referential Integrity）和用户定义的完整性（User-defined Integrity）。

实体完整性指表中行的完整性。要求表中所有的行都有唯一的标识符，称为主关键字。实体完整性针对基本关系。一个基本关系通常对应一个实体集。现实世界中的实体是可以区分的，它们具有一种唯一性质的标识。在关系模型中，主关键字作为唯一的标识，且不能为空。

域完整性是指给定列的输入有效性。要求表中指定列的数据具有正确的数据类型、格式和有效的数据范围。域完整性限制了某些属性中出现的值，把属性限制在一个有限的集合中。

参照完整性是指不允许在相关数据表中引用不存在的记录。做这种约束要求的目的是为了保证数据的一致性。用户定义完整性是根据应用环境的要求和实际的需要，对某一具体应用所涉及的数据提出约束条件。

用户定义完整性主要包括字段有效性约束和记录有效性约束。

1.4.5 多工作区的概念以及多表的使用

工作区是用来保存表及其相关信息的一片内存空间。Visual FoxPro 能同时提供 32 767 个工作区。系统以 1～32 767 作为各工作区的编号。

1. 工作区的选择

格式：SELECT<工作区号>|<工作区别名>

Visual FoxPro 系统也可以对其他工作区中的表文件的数据进行访问。

格式：<工作区别名>-> <字段名>

　　　或<工作区别名>.<字段名>

2. 表之间的关联

表文件的关联是把当前工作区中打开的表与另一个工作区中打开的表进行逻辑连接，而不生成新的表。在多个表中，必须有一个表为关联表，此表常称为父表，而其他的表则称为被关联表，常称为子表。在两个表之间建立关联，必须以某一个字段为标准，该字段称为关键字段。表文件的关联可分为一对一关联、一对多关联和多对多关联。

1.5　面向对象程序设计基础概要

1.5.1 面向对象的基本概念

1. 对象

对象是现实世界中个体或事物的抽象表示，是其属性和相关方法封装在一起的实体。属性表示对象的状态，方法用来描述对象的行为，通过对象的属性和方法可以对其进行描述和操作。对象属性及方法使用的基本格式如下：

对象引用.属性
对象引用.方法

例如：X=THISFORM.TEXT1.VALUE 表示将文本框的值赋值给变量 X，THISFORM.RELEASE 表示关闭表单。

方法是指对象所固有完成某种任务的功能。方法是固定的，任何时候调用都是完成同一个任务，例如释放方法 RELEASE、刷新方法 REFRESH 等。可为对象添加新的方法。

2. 类

类是对一类相似对象的共性描述。类是对象的抽象，对象是类的实例。Visual FoxPro 提供了一些基础类，方便用户生成所需的基本对象。用户也可以基于系统提供的基类创建自定义类，子类会继承父类的所有属性和方法，在父类基础之上，可以添加新的属性和方法。

3. 事件

事件是对"对象"所做的操作。例如，单击（Click）、双击（DblClick）、交互（InteractiveChange）等操作。事件由用户编写程序代码去完成某些操作，不同程序代码使得事件发生的结果不同。事件种类是固定的，不能为 Visual FoxPro 系统添加新的事件。

1.5.2 创建与管理表单

1. 表单

表单是用户与 Visual FoxPro 应用程序之间进行数据交换的界面，比浏览窗口更灵活、友好、美观。表单文件的扩展名是.scx。表单类似于 Windows 操作系统中的窗口或对话框。

2. 表单文件的创建与编辑

使用表单设计器创建和编辑表单。表单设计器启动后，伴随出现表单设计器工具栏，表单控件工具栏和属性窗口。表单设计器工具栏中的工具按钮可以设置【Tab】键次序，即各个控件获得焦点的先后次序；可以打开数据环境设计器，设置与表单关联的表；可以打开布局工具栏，快捷高效地调整控件在表单中的位置；可以打开表单生成器，辅助表单设计器生成对数据表操作的表单等操作。表单控件工具栏中含有基类按钮，可以生成各种对象。属性窗口可以为表单或添加到表单上的对象设置属性。

3. 表单文件的运行

单击常用工具栏中的 ▮ 按钮运行表单文件，也可以使用命令 DO FORM <表单文件名>。

1.5.3 常用表单控件

1. 标签（LABEL）

（1）Caption

Caption 属性用于设置对象的标题文本。Caption 仅接收字符型数据。

（2）FontName

FontName 属性用于设置标签标题文本的字体。如黑体、楷体、隶书等。

（3）FontSize

FontSize 属性用于设置标签标题文本的字号。

（4）WordWrap

WordWrap 属性值为逻辑值，用于设置当标签的 AutoSize 属性值为假（.F.）时，中文标题文本超宽时是否自动换行显示。WordWrap 属性值为真（.T.）时自动换行，为假（.F.）时不换行。

2. 文本框（TEXT）

（1）Value

通过 Value 属性可以得到文本框的当前输入内容，也可以将数据赋值给 Value 属性使其在文本框中显示。Value 属性经常在事件代码中引用。Value 属性值默认为空串（字符型），可以更改为 0、0.0（一位小数）、0.00（两位小数）等，接收数值型数据。在文本框中字符型数据靠左对齐，数值型数据靠右对齐。

（2）PasswordChar

设置 PasswordChar 属性可以指定用作占位符的字符（一般设置为星号"*"），此时，输入到文本框中的数据不显示，仅显示占位符，这在设计口令输入框时经常用到。PasswordChar 属性默认值是空串，此时文本框内显示的是用户实际输入的内容。

（3）ReadOnly

ReadOnly 属性值是逻辑值，设置为真（.T.），表示文本框内数据只能读，不能编辑修改。该属性默认值为假（.F.），表示文本框内数据既能读，又能编辑修改。

3．命令按钮（COMMANDBUTTON）

在设置 Caption 属性时，可以将其中的某个字符作为访问键，方法是在该字符前插入一个反斜杠和一个小于号（\<）。例如将命令按钮的 Caption 属性值设置为"计算（\<C）"，则命令按钮显示为" 计算© "。若 Caption 属性值是等号，需输入全角的等号"＝"，正常的半角等号"="不行。

4．命令组（COMMANDGROUP）与选项按钮组（OPTIONGROUP）

命令组和选项按钮组都可以右击对象选择生成器调出相应的生成器进行属性设置，例如修改按钮个数、标题文本以及布局。

5．复选框（CHECK）

Caption 属性可以修改复选框的标题文本。

6．编辑框（EDIT）

Value 属性表示编辑框中的内容，是字符型数据，只要将字符串赋值给编辑框的 Value 属性就可以在编辑框中显示出来。

7．列表框（LIST）与组合框（COMBO）

列表框和组合框中的数据项条目由 RowSourceType 和 RowSource 两个属性控制。可以将 RowSourceType 属性设置为"1-值"，然后在 RowSource 属性输入框中逐个输入数据项条目，如"春天,夏天,秋天,冬天"，注意使用英文标点逗号，写成中文标点则数据项条目显示在一行上。

组合框还有一个 Style 属性，Style 属性值为 0 是下拉组合框，Style 属性值为 2 是下拉列表框，Style 属性默认值是 0。

8．表格（GRID）

表格的 RecordSourceType 属性用来指定表格数据源的类型，RecordSource 属性用来指定具体的数据源。ColumnCount 属性用来指定表格的列数，如果更改了 ColumnCount 属性值，表格会显示各个列对象，由用户自己设置列对象的属性。可以使用表格生成器编辑设置表格。

9．微调控件（SPINNER）

（1）Value

Value 属性中存放着微调控件的当前值，经常在事件代码中引用。

（2）Increment

Increment 属性用于设置增量，即用户每次单击向上或向下按钮所增加或减少的数值，默认值为 1.00。

（3）KeyboardHighValue 和 KeyboardLowValue

KeyboardHighValue 和 KeyboardLowValue 属性用于设置使用键盘为微调控件输入的最大值和最小值。

（4）SpinnerHighValue 和 SpinnerLowValue

SpinnerHighValue 属性用于设置单击向上按钮时微调控件能显示的最大值，SpinnerLowValue 属性用于设置单击向下按钮时微调控件能显示的最小值。

10. 线条（LINE）

LineSlant 属性用于设置线条的倾斜方向，是"/"还是"\"，默认倾斜方向是"\"。水平线和垂直线是水平或垂直拖动鼠标画线而不是单击后再调整。

11. 形状（SHAPE）

（1）Curvature

Curvature 属性用来设置形状控件的角的曲率。当 Curvature 属性值为 0 时，若 Width 和 Height 属性值相等则为正方形，不等为矩形。若 Width 和 Height 属性值相等，当 Curvature 属性值由 1 变化到 99 时，形状由正方形逐渐变化为圆；若 Width 和 Height 属性值不相等，当 Curvature 属性值由 1 变化到 99 时，形状由矩形逐渐变化为椭圆。

（2）SpecialEffect

SpecialEffect 属性用来设置形状样式，有两个值：0–平面（默认值）和 3–三维。

12. 计时器（TIMER）

（1）Enabled

Enabled 属性用来设置计时器是否可用。Enabled 属性值为.T.时，启动计时器开始计时，Enabled 属性值为.F.时，计时器停止计时。

（2）Interval

Interval 属性用来设置时间间隔，单位是 ms（毫秒）（1 s=1 000 ms），默认为 0，此时计时器未使用。每隔设置的 Interval 时间间隔会自动引发 Timer 事件。双击计时器控件可以编写 Timer 事件代码。

13. 页框（PAGEFRAME）

PageCount 属性用来指定页框中包含页面的个数。默认 2 个。

处理页框中的页面时，注意要先选定页面，即右击页框选择"编辑"选项，使页框套上青色框，然后单击选定某个页面，修改其 Caption 属性后再向其中添加形状、线条、标签、命令按钮等对象。

1.5.4 综合总结

（1）设计表单一般分 3 步：

① 生成对象。在表单控件工具栏内单击所需的类按钮，再在表单设计器窗口内单击生成对象。

② 设置主要属性。先选定对象，然后在属性窗口设置属性值。

③ 为命令按钮编写 Click 事件代码。双击命令按钮，在打开的代码窗口内编码。

（2）右击表单设计器窗口空白处，在弹出的快捷菜单中选择"生成器"选项，打开对话框即可选择表、字段和样式，也可以建立数据表的编辑表单。

数据表编辑表单中的"上一个"命令按钮的 Click 代码如下：

```
SKIP -1
THISFORM.REFRESH
```

"下一个"命令按钮的 Click 代码如下：

```
SKIP
THISFORM.REFRESH
```

"关闭"命令按钮的 Click 代码如下：

```
THISFORM.RELEASE
```

（3）引用对象要使用其具体属性或方法。例如：THISFORM.TEXT1.VALUE 或 THISFORM.RELEASE。

（4）Caption 属性是标题属性，值必须是字符型的，必要时利用 STR 函数进行类型转换。Value 属性是值属性，文本框的 Value 属性，默认初值是字符型的，可以利用 VAL 函数转换成数值型进行算术运算。

（5）可以将文本框的 Value 值赋给变量，如 X=THISFORM.TEXT1.VALUE，称为取出来；也可以将变量赋给文本框的 Value 属性，如 THISFORM.TEXT2.VALUE=F，称为放进去。取出来时要注意数据类型，是要处理数呢？还是处理字符串呢？放进去时数据类型无需考虑。

（6）从文本框中取出字符型数据时，要注意尾部的空格，应该将 S=ALLTRIM(THISFORM.TEXT1.VALUE)去除多余的首尾空格，仅留下用户输入的字符串。

（7）熟练使用 THISFORM.LABEL1.CAPTION 和 THISFORM.TEXT1.VALUE，不要用混。

（8）对象的值一变化就会自动引发 InteractiveChange 事件，即值变则事发。例如复选框的值一变化就要执行某个操作，列表框的值一变化就要执行某个操作等。

1.6　程序设计基础与表单应用概要

1.6.1　程序与程序文件

1．程序的概念

程序是计算机指令系列有机的堆体，经常使用等式"程序=数据结构+算法"来描述程序。算法就是问题的求解方法，通常由一系列求解步骤完成。数据结构是指数据对象、相互关系和构造方法。程序中的数据结构描述了程序中被处理的数据之间的组织形式和结构关系。程序设计就是根据计算机所要完成的任务，设计解决问题的数据结构和算法，然后编写相应的代码，并测试代码正确性，直到能够得到正确的运行结果为止。

2．结构化程序设计的三种基本结构

程序的控制结构有顺序结构、分支结构和循环结构三种。顺序结构是计算机逐条依次顺序的执行程序块中每条语句。分支结构是根据条件的判断决定程序流程的走向，条件成立执行某些语句，不成立则执行另外一些语句。循环结构是根据条件的判断反复执行某些语句。

3．三种交互式命令

（1）多字符接收命令 ACCEPT

命令格式：ACCEPT [<提示信息>] TO <内存变量>

功能：暂停程序的执行，主窗口出现光标等待用户从键盘上输入数据，并将输入的数据以字符型数据保存在 TO 后面的内存变量中，输入的字符不用定界符。此命令在输入数据完成之后，

要按【Enter】键作为命令的结束。

（2）数据输入命令 INPUT

命令格式：`INPUT [<提示信息>] TO <内存变量>`

功能：与 ACCEPT 命令执行过程相同，区别是输入数据除字符型数据外，还可以是数值型、日期型、逻辑型、货币型数据和其他表达式。并且当输入是字符型数据时必须加定界符，而输入数值型数据时，可直接输入。输入日期型数据时用{ }将数据括起来，输入逻辑型数据两端用圆点括起来，输入货币型数据前面要加$符号。输入内容结束后也按【Enter】键结束。主要使用 INPUT 命令输入数值型数据。

（3）单字符接收命令 WAIT

命令格式：`WAIT [<提示信息>] [TO<内存变量>] [WINDOWS] [TIMEOUT<数值表达式>]`

功能：执行过程与前面命令类似，但等待用户输入只是单字符，即只要用户从键盘上输入一个字符或单击，而不用按【Enter】键作为结束，程序便继续执行。输入的内容按字符型数据处理。命令中所有的内容都是可选项。如不选 TO<内存变量>则不保存输入的内容。

在表单设计中，可以使用文本框进行数据的输入和输出。

4．运行程序

使用命令 DO <命令文件名>运行程序，或者单击常用工具栏中的 **!** 按钮。

1.6.2　分支结构

分支结构也称为选择结构，根据条件（关系式、逻辑式）判断决定程序流程走向。在 Visual FoxPro 中提供了两个分支结构控制语句：一个是 IF 语句，用于双向分支结构控制；另一个是 DO CASE 语句，用于多向分支结构控制。

1．IF...ENDIF 结构

（1）简单分支

格式：
```
IF <条件表达式>
      <语句 1>
ENDIF
<语句 2>
```

流程：如果条件真，语句1→语句2；否则语句2。

（2）双向分支

格式：
```
IF <条件表达式>
      <语句 1>
ELSE
      <语句 2>
ENDIF
<语句 3>
```

流程：如果条件真，语句1→语句3；否则语句2→语句3。两路分支选择一支执行。

（3）IF 嵌套

在 IF 子句或 ELSE 子句中又包含了一个 IF 结构。下面以 ELSE 子句中嵌套 IF 双向分支为例进行说明。

格式：`IF <条件表达式 1>`

```
        <语句 1>
    ELSE
      IF <条件表达式 2>
          <语句 2>
      ELSE
          <语句 3>
      ENDIF
    ENDIF
    <语句 4>
```

流程：如果条件 1 真，语句 1→语句 4；否则如果条件 2 真，语句 2→语句 4；否则语句 3→语句 4。3 路分支选择一支执行。

2. DO CASE…ENDCASE 结构

格式：
```
DO CASE
    CASE <条件表达式 1>
        <语句序列 1>
    CASE <条件表达式 2>
        <语句序列 2>
          ……
    CASE <条件表达式 N>
        <语句序列 N>
    [OTHERWISE
    <语句行序列 N+1>]
    ENDCASE
```

流程：逐个判断条件，若某个条件为真，则执行相应语句序列后，流程转到 ENDCASE 后继续；若 N 个条件均为假，且选择了 OTHERWISE，则执行语句 N+1 后，流程转到 ENDCASE 后继续；若 N 个条件均为假且没有选择 OTHERWISE，则直接执行 ENDCASE 后的语句。注意：多路分支，只走一支。

1.6.3　循环结构

循环结构可以对同一程序段重复执行若干次，在循环的过程中把问题解决。被重复执行的程序段称为循环体。在 Visual FoxPro 中提供了 DO WHILE、FOR、SCAN 三种循环控制结构语句。

1. DO WHILE…ENDDO 结构

格式：
```
DO WHILE <条件表达式>
    <循环体>
    ENDDO
```

流程：系统首先判断循环条件真假，若为真，执行循环体语句，遇到 ENDDO 流程返回 DO WHILE 继续测试条件，只要条件为真，反复执行循环体，直到最后循环条件变为假，执行 ENDDO 后的语句。注意：遇到 ENDDO，再返回到起始语句进行判断。

2. FOR…ENDFOR 结构

格式：
```
FOR <循环变量>=<初值表达式> TO <终值表达式> [STEP<步长>]
    <循环体>
    ENDFOR
```

流程：只要循环变量的值不超过终值，就反复执行循环体，当循环变量值大于终值时，跳过循环体语句，执行 ENDFOR 后面的语句。初值表达式仅执行一次，终值表达式、STEP、循环体构成循环。注意：遇到 ENDFOR，循环变量自动增值。

3. SCAN...ENDSCAN 结构

此循环结构是一种用于对表中记录按顺序处理的循环结构。与 DO WHILE NOT EOF()和 SKIP 组合类似。

4. LOOP 与 EXIT

在循环体中执行到 LOOP 语句时，结束循环体的本次执行，FOR 语句转去循环变量增值，然后再次判断循环条件是否成立；DO WHILE 结构直接返回测试条件。在循环体中执行到 EXIT 语句时，流程转到循环的下一条语句继续执行。

说 明

LOOP 和 EXIT 语句应与 IF 配合使用，当满足一定条件才执行。从流程上看，LOOP 回去了，EXIT 出去了。

5. 循环嵌套

在循环体内又包含了一个循环结构，称为循环嵌套。以两层循环为例进行流程说明：外循环转一圈，内循环转多圈。对于 DO WHILE 结构，外循环一圈，内循环条件经历从真到假的过程。对于 FOR 结构，外层循环变量增大一个步长，内层循环变量从初值变化到终值。

1.6.4 自定义函数及内存变量的作用域

1. 自定义函数

自定义函数的格式：
```
FUNCTION <函数名> ([参数表])
    <命令系列>
    RETURN[<表达式>]
ENDFUNC
```
自定义函数的调用：函数名([实参表])

2. 全局变量与局部变量

全局变量是指在整个程序运行时无论是在主程序中还是在子程序中的任何一级程序中变量均可有效，改变的值可保留，程序运行结束后不释放，使用 PUBLIC 命令定义。局部变量是指内存变量仅在所定义的程序及此程序所属的下级程序有效，超出所在程序范围内存变量自动释放，使变量局部有效。

1.7 结构化查询语言概要

1.7.1 SQL 概述

SQL 语言是关系型数据库的标准语言，包括数据定义（DDL）、数据查询（DQL）、数据操纵（DML）语言、数据控制（DCL）语言。Visual FoxPro 只支持数据定义、数据查询和数据操纵功能，没有提供数据控制功能。

数据查询语言（DQL）包括 SELECT 语句；数据定义语言（DDL）包括 CREATE、ALTER 和 DROP 语句；数据操纵语言（DML）包括 INSERT、UPDATE 和 DELETE 语句。

1.7.2　数据查询语言（DQL）

数据查询是对数据库中的数据按指定条件和顺序进行检索输出。使用数据查询可以对数据源进行各种组合，有效地筛选记录、统计数据，并对结果进行排序；使用数据查询可以让用户以需要的方式显示数据表中的数据，并控制显示数据表中的某些字段、某些记录及显示记录的顺序等。

1. SELECT 语句格式

命令格式：

```
SELECT [ALL | DISTINCT] [TOP <数值表达式> [PERCENT]]
[<列名1>.]<列表达式1> [AS <列名1>][, [<列名2>.]< 列表达式2> [AS <列名2>]…]
FROM [<数据库1>!] <表名1> [[AS] <别名1>]
[[INNER | LEFT | RIGHT | FULL ]JOIN
<数据库2>!] <表名2> [[AS] <别名2>]
[ON <联接条件> …]
[[INTO TABLE<新表名>] | [TO FILE <文件名> [ADDITIVE] | TO PRINTER
[PROMPT]| TO SCREEN]]
[WHERE <联接条件1> [AND <联接条件2> …][AND|OR <筛选条件1>
AND|OR <筛选条件2>…]]]
[GROUP BY <分组项1>[, <分组项2> …]] [HAVING <筛选条件>]
[UNION [ALL] <SELECT 命令>]
[ORDER BY <排序项1> [ASC | DESC] [, <排序项2> [ASC | DESC] …]]
```

SELECT 语句中各子句的使用可分为投影查询、条件查询、统计查询、分组统计查询、查询排序、联接查询、嵌套查询和集合并查询。

2. 投影查询

投影查询是指从表中查询全部列或部分列内容。

（1）查询部分字段

如果用户只需要查询表的部分字段，可以在 SELECT 之后列出需要查询的字段名，字段名之间以英文逗号","分隔。例如：

```
SELECT 姓名,出生日期,系部,入学成绩 FROM 学生表
```

（2）查询全部字段

如果用户需要查询表的全部字段，可在 SELECT 之后列出表中所有字段，也可在 SELECT 之后直接用星号"*"来表示表中所有字段，而不必逐一列出。

（3）取消重复记录

在 SELECT 语句中，可以使用 DISTINCT 来取消查询结果中重复的记录。例如：

```
SELECT DISTINCT 学号 FROM 成绩表
```

（4）查询经过计算的表达式

在 SELECT 语句中，查询的列除了可以是字段外，也可以是由运算符、函数和字段构成的表达式。

3. 条件查询

若要在数据表中找出满足某些条件的记录行时，需使用 WHERE 子句来指定查询条件。常用的 WHERE 子句运算符如表 1-4 所示。

表 1-4 WHERE 子句中的条件运算符

运　算　符	含　义	举　例
=、>、<、>=、<=、!=、<>	比较大小	数学>80
NOT、AND、OR	多重条件	数学>=60 AND 数学<=70
BETWEEN AND、NOT BETWEEN AND	确定范围	数学 BETWEEN 60 AND 70
IN、NOT IN	确定集合	院系 IN ("会计学院", "计算机学院")
LIKE、NOT LIKE	字符匹配	姓名 LIKE "李%"
IS NULL、IS NOT NULL	空值查询	成绩 IS NULL

4．统计查询

在实际的查询过程中，有的时候需要在表中原有数据的基础上，通过计算得到统计信息。SQL 提供了许多统计函数，常用的统计函数如表 1-5 所示。

表 1-5 常用统计函数

函　数	功　能	函　数	功　能
AVG（<字段名>）	求字段下记录的平均值	MAX（<字段名>）	求字段下记录的最大值
SUM（<字段名>）	求字段下记录的和	MIN（<字段名>）	求字段下记录的最小值
COUNT（*）	求查询记录的个数		

5．分组统计查询

GROUP BY 可以按一列或多列分组统计查询。

如果查询要求分组满足某些条件，可以使用 HAVING 子句来限定分组，HAVING 子句总是在 GROUP BY 子句之后，不可以单独使用。

6．查询排序

当需要对查询结果排序时，可以使用 ORDER BY 子句对查询结果按照一列或多个列进行升序（ASC）或降序（DESC）排列，默认值为升序。ORDER BY 之后可以是查询的字段名，也可以是查询结果中的列的序号。

在排序的基础上，可以使用 TOP N [PERCENT]子句查询排序结果中前面的部分记录。需要注意的是 TOP 短语要与 ORDER BY 短语同时使用才有效。

7．查询去向

SELECT 语句默认的查询输出去向是在浏览窗口中显示查询结果，可以使用特殊的子句来指定查询结果的输出去向。

（1）查询结果存放到永久性表

命令格式：INTO DBF|TABLE <表文件名>

功能：该子句可以将查询结果存放到永久表（.dbf 文件）中，查询语句执行结束后，该永久表自动打开，成为当前打开的表文件。

（2）查询结果存放到临时表

命令格式：INTO CURSOR <临时表文件名>

功能：该子句可以将查询结果存放到一个临时的只读表文件中，当查询刚结束时，该临时表文件自动在工作区打开，可以像一般的表文件一样使用（当然是只读的）。当关闭查询相关的表文件时，该临时表文件自动删除。

（3）查询结果存放到文本文件

命令格式：`TO FILE <文本文件名>`

功能：该子句可以将查询结果存放到文本文件（.txt 文件）中，如果使用 ADDITIVE，结果将追加到原文件的尾部，否则将覆盖原有文件。

（4）查询结果存放到数组

命令格式：`INTO ARRAY <数组名>`

功能：该子句可以将查询结果存放到指定的数组中，一般将存放查询结果的数组作为二维数组来使用，数组的每行对应一个记录，每列对应查询结果的一列。

8．连接查询

前面的查询操作的对象都是一个表，当一个查询操作涉及多个表时，称为连接查询。连接查询分为内部连接和外部连接。外部连接又分为左外连接、右外连接和全外连接。

9．嵌套查询

在 SELECT 语句中，一个 SELECT 语句（子查询）嵌套在另一个 SELECT 语句（父查询）中的 WHERE 条件语句中的查询称为嵌套查询。Visual FoxPro 在处理嵌套查询时，先查询出子查询的结果，然后将子查询的结果用于父查询的查询条件中。

1.7.3 SQL 的数据定义功能

SQL 的数据定义语言包括 3 个命令，分别是建立（CREATE）数据表对象命令、修改（ALTER）数据表对象命令和删除（DROP）数据表对象命令。每组命令针对的数据库对象主要是表和视图。

1．建立表结构

命令：
```
CREATE TABLE | DBF <表名 1> [FREE]
    (<字段名 1> <字段类型>[(<字段宽度>[,<小数位数>])] [NULL|NOT NULL]
    [CHECK <逻辑表达式 1> [ERROR <提示信息 1>]]
    [DEFAULT <表达式 1>]
    [PRIMARY KEY | UNIQUE] REFERENCES <表名 2> [TAG <标识 1>]
    [,<字段名 2> <字段类型>[(<字段宽度>[,<小数位数>])] [NULL|NOT NULL]
    [CHECK <逻辑表达式 2> [ERROR <提示信息 2>]]
    [DEFAULT <表达式 2>]
    [PRIMARY KEY | UNIQUE]] REFERENCES <表名 3> [TAG <标识 2>]...)
```

CREATE TABLE 命令除了建立表的基本功能外，还包括满足实体完整性的主关键字（主索引）PRIMARY KEY、定义域完整性的 CHECK 约束及出错提示信息 ERROR、定义默认值 DEFAULT 等关键词，另外还有描述表之间联系的 FOREIGN KEY 和 REFERENCES 关键词。

2．修改表结构

用户可以使用 ALTER TABLE 命令修改表的结构，包括增加字段、修改字段和删除字段。对于数据库表，还可以增加数据完整性规则、修改完整性规则和删除完整性规则。

（1）增加字段

命令：
```
ALTER TABLE <表名>
    ADD [COLUMN] <字段名 1> <字段类型>[(<字段宽度>[,<小数位数>])];
    ADD [COLUMN] <字段名 2> <字段类型>[(<字段宽度>[,<小数位数>])]...
```

（2）修改字段的类型和宽度

命令：ALTER TABLE <表名>
　　　ALTER [COLUMN] <字段名 1> <字段类型>[(<字段宽度>[,<小数位数>])];
　　　ALTER [COLUMN] <字段名 2> <字段类型>[(<字段宽度>[,<小数位数>])]…

（3）修改字段名

命令：ALTER TALBLE <表名> RENAME COLUMN <字段名 1>TO<字段名 2>

（4）定义和修改字段的有效性规则、错误提示信息和默认值

ALTER TABLE 语句操作数据库表的数据完整性的命令格式主要有以下两种。

① 对新增加字段进行字段的有效性规则、错误提示信息和默认值的定义

命令：ALTER TABLE<表名> ADD[COLUMN]<字段名>
　　　[NULL|NOT NULL][PRIMARY KEY]
　　　[DEFAULT 表达式][CHECK 逻辑表达式] [ERROR 字符串表达式]

② 对已有字段进行字段的有效性规则、错误提示信息和默认值的定义和修改

命令：ALTER TABLE <表名> ALTER [COLUMN]<字段名>
　　　[NULL|NOT NULL][PRIMARY KEY][SET DEFAULT 表达式]
　　　[SET CHECK 逻辑表达式][ERROR 字符串表达式]

（5）删除字段

命令：ALTER TABLE <表名>
　　　DROP [COLUMN] <字段名 1> [DROP [COLUMN] <字段名 2>]…

3．删除表

命令：DROP TABLE <表名>

DROP TABLE 直接从磁盘上删除表文件。如果删除的是数据库表，在执行 DROP TABLE 命令之前一定要把数据库打开，这样才能既把表文件删除了同时又把该表文件在数据库中的链接信息删除掉。

1.7.4　SQL 的数据操纵功能

SQL 的数据操纵语言有 3 个命令，分别是插入（INSERT）记录命令、修改（UPDATE）记录命令和删除（DELETE）记录命令。每组命令针对的对象主要是表和视图中的记录。

1．插入记录

插入记录是往一个已存在的表中插入一条新的记录。

命令：INSERT INTO <表名> [(字段名 1[,<字段名 2>[,…]])]
　　　VALUES(<表达式 1>[,<表达式 2>[,…]])

该命令在指定的表尾添加一条新记录，其值为 VALUES 后面表达式的值。

当指定字段名时，VALUES 子句值的排列顺序必须和指定字段名的排列顺序一致，个数相等，数据类型一一对应；INTO 语句中没有出现的字段名，新记录在这些字段上将取空值（如果在定义表时说明了该字段可以取空值）；INTO 子句没有带任何字段名，则插入的新记录的字段的值顺序必须和表结构的字段顺序一致，且必须在每个字段上均有值。

2．更新记录

更新记录是指对表中的一个或多个记录的某些列值进行修改。

命令：UPDATE <表名>
　　　SET <字段名 1>=<表达式>[,<字段名 2 >=表达式] …[WHERE <条件>]

一般使用 WHERE 子句指定条件，以更新满足条件的记录的字段值，并且一次可以更新多个指定字段；如果不使用 WHERE 子句，则更新所有记录。

3．删除记录

删除记录是指逻辑删除表中的一个或多个记录。

命令：DELETE FROM <表名> [WHERE <条件>]

SQL 语言中的 DELETE 命令同样是逻辑删除记录，如果要物理删除记录，则需继续使用 PACK 命令。

1.8　查询与视图概要

查询是从一个或多个数据来源中检索出符合条件的若干记录，以多种格式将这些记录保存起来供用户浏览使用。由于用户只能浏览数据查询的结果，而不能修改数据查询的结果，为了解决这一问题要引入视图。所谓视图，是一个用户设定的虚拟表，兼有表和查询的特点，不能独立存在而被保存在数据库中。

1.8.1　查询

1．查询的概念

查询是从指定的表或视图中提取满足条件的记录，然后按照想得到的输出类型定向输出查询结果。查询以扩展名为.qpr 的文件保存在磁盘上的，这是一个文本文件，它的主体是 SQL SELECT 语句。

2．建立查询

建立查询可以使用"查询设计器"，但它的基础是 SQL SELECT 语句。

（1）可以利用 CREATE QUERY 命令打开查询设计器建立查询。

（2）可以利用"文件"菜单下的"新建"命令，或单击常用工具栏上的"新建"按钮打开"新建"对话框，然后选择"查询"选项并单击"新建文件"按钮打开查询设计器建立查询。

（3）可以在项目管理器的"数据"选项卡中选择"查询"选项，再单击"新建"按钮弹出"新建查询"对话框，单击"新建文件"按钮即可打开查询设计器建立查询。

查询设计器中的各选项卡和 SQL SELECT 语句的各短语是相对应的，对应关系如下：

（1）字段——SELECT 短语，用于指定要查询的数据。

（2）联接——JOIN ON 短语，用于编辑联接条件。

（3）筛选——WHERE 短语，用于指定查询条件。

（4）排序依据——ORDER BY 短语，用于指定排序字段和排序方式。

（5）分组依据——GROUP BY 短语和 HAVING 短语，用于分组。

（6）杂项——DISTINCT 短语、TOP 短语等，用于设置有无重复记录及排列在前面的记录数。

在查询设计器中可以根据需要为查询输出定位查询去向，具体如下：

（1）浏览——在"浏览"（BROWSE）窗口中显示查询结果，这是默认的输出去向。

（2）临时表——将查询结果存储于一个命名的临时只读表中。

（3）表——将结果保存在一个命名的数据表文件中。

（4）图形——查询结果可以用于 Microsoft Graph。

（5）屏幕——在 Visual FoxPro 主窗口或当前活动输出窗口中显示查询结果。

（6）报表——将结果输出到一个报表文件。

（7）标签——将结果输出到一个标签文件。

 提　示

在 7 种输出去向中，只有"浏览"和"屏幕"两种输出去向能直接看到查询结果。

3．运行查询

运行查询的主要方式有以下 3 种：

（1）在查询设计器窗口，选择"查询"菜单中的"运行查询"命令，或单击常用工具栏的"运行"按钮 ！，即可运行查询。

（2）在设计查询过程中或保存查询文件后，选择"程序"菜单中的"运行"命令打开"运行"对话框，选择要运行的查询文件，再单击"运行"按钮，即可运行文件。

（3）在命令窗口中运行查询文件的命令格式：

DO [路径]<查询文件名.扩展名>

4．修改查询文件

修改查询文件的方式有以下两种：

（1）利用菜单打开"查询设计器"进行修改。

选择"文件"菜单中的"打开"命令，指定文件类型为"查询"，选择相应的查询文件，单击"确定"按钮，打开该查询文件的查询设计器，以便修改查询文件。

（2）利用命令打开"查询设计器"进行修改。

命令：MODIFY QUERY <查询文件名>

5．查看 SQL

查看 SQL 语句的主要方式有以下 3 种：

（1）从"查询"菜单中选择"查看 SQL"命令。

（2）单击"查询设计器"工具栏中的"SQL"按钮。

（3）在"查询设计器"窗口中右击，在弹出的快捷菜单中选择"查看 SQL"命令。

1.8.2　视图

1．视图的概念

视图是操作表的一种手段，通过视图可以查询表，也可以更新表。视图是根据表定义的，因此视图基于表，而视图又超越表。视图是数据库中的一个特有功能，只有在包含视图的数据库打开时才能使用。

视图兼有"表"和"查询"的特点，与查询相类似的地方是可以从一个或多个相关联的表中提取有用信息；与表类似的地方是可以用来更新其中的信息，并将结果永久性保存在磁盘上。

2．建立视图

（1）选择"文件"菜单中的"新建"命令，打开"新建"对话框，然后选择"视图"单选按钮，单击"新建文件"按钮，在打开视图设计器的同时，还将打开"添加表或视图"对话框。

（2）使用命令 CREATE VIEW 也可以启动视图设计器并建立视图。

（3）在项目管理器的"数据"选项卡下展开要建立视图的数据库结点，并选择"本地视图"或"远程视图"选项，然后单击"新建"按钮打开视图设计器建立视图。

3．视图设计器

视图设计器与查询设计器基本上一样，主要有以下几点不同。

（1）视图的结果保存在数据库中，在磁盘上找不到相关的文件。

（2）视图可以用来更新数据，因此在设计器中多了"更新条件"选项卡。

4．视图与数据更新

视图是根据基本表派生出来的，是虚拟表，如果要通过视图更新基本表中的数据，需要在视图设计器中的"更新条件"选项卡进行相关设置。

5．视图操作

可以用于基本表的命令基本都可以用于视图。比如在视图上也可以建立索引，此索引是临时的，关闭视图，索引自动删除，多工作区时也可以建立联系等。但视图不可以用 MODIFY STRUCTURE 命令修改结构，只能修改视图的定义。

主要操作有：

（1）在数据库中使用 USE 命令打开或关闭视图。

（2）在"浏览器"窗口中显示或修改视图中的记录。

（3）使用 SQL 语句操作视图。

（4）在文本框、表格控件、表单或报表中使用视图作为数据源。

6．视图的 SQL 语句

（1）创建视图

命令：`CREATE VIEW [<视图文件名>]…[AS SELECT 命令]`

（2）重命名视图

命令：`RENAME VIEW<原视图文件名> TO <目标视图文件名>`

（3）修改视图

命令：`MODIFY VIEW<视图文件名>`

（4）删除视图

命令：`DROP VIEW<视图文件名>`

1.9　菜单设计与应用概要

菜单是一个应用系统向用户提供功能服务的窗口。在 Visual FoxPro 6.0 中，用户可以使用"菜单设计器"添加新的菜单选项到 Visual FoxPro 的系统菜单中，也可以创建一个全新的自定义菜单，以代替 Visual FoxPro 的系统菜单。

创建一个完整的菜单系统都需要以下步骤：

（1）规划菜单系统。确定需要哪些菜单、出现在界面的什么位置以及哪几个菜单要有子菜单等。

（2）创建菜单和子菜单。

（3）为菜单系统指定任务。指定菜单要执行的任务，如显示表单、执行查询程序、退出 Visual FoxPro 等。另外还可以包含初始化代码和清理代码。

（4）通过单击"预览"按钮预览整个菜单系统。

（5）选择"菜单"菜单中的"生成"命令，生成菜单程序文件（扩展名为.mpr）。

（6）运行生成的程序，测试菜单系统。

1．创建菜单

从"文件"菜单中选择"新建"命令，在打开的"新建"对话框中选择"菜单"单选按钮，再单击"新建文件"按钮，弹出"新建菜单"对话框，在该对话框中单击"菜单"或"快捷菜单"按钮打开"菜单设计器"窗口，在该窗口中即可创建下拉菜单或者快捷菜单。

2．生成菜单程序及运行

菜单设计器窗口处于打开状态时，选择"菜单"菜单中的"生成"命令即可生成菜单程序。菜单设计器生成的菜单程序，其主名与菜单文件同名，扩展名为.mpr。

运行菜单文件时，在命令窗口中输入命令：

```
DO <菜单程序文件名>
```

运行菜单程序时扩展名.mpr 不可省略。

1.10   报表设计与应用概要

1.10.1   创建报表

报表设计器默认 3 个基本带区："页标头"带区、"细节"带区和"页注脚"带区。"页标头"带区和"页注脚"带区每页打印一次，相当于页眉和页脚，"细节"带区打印各条记录。可以使用向导或报表设计器创建报表。创建报表时，往往先新建一个空白的报表，接着使用快速报表功能生成一个简单报表，然后再使用报表设计器做进一步的修改、完善工作。

1.10.2   报表的编辑与输出

报表控件工具栏中的标签和域控件是报表中常用的控件。标签用来显示标题、提示信息等，域控件来显示数据的计算结果。使用打印预览按钮查看报表效果，也可以使用预览命令：

```
REPORT FORM<报表文件名>[PREVIEW]
```

第 **2** 章 上机实验

2.1 实验一 建立项目、数据库和表

【实验目的】

熟练掌握项目管理器、数据库设计器和表设计器的使用。

【实验范例】

具体要求：

（1）建立"教学管理.pjx"项目文件。

（2）在项目管理器下建立"学生管理.dbc"数据库文件。

（3）在学生管理数据库下建立"学生表.dbf"、"成绩表.dbf"和"课程表.dbf"3 个数据库表文件。表结构如表 2-1、表 2-2 和表 2-3 所示。

表 2-1 "学生表.dbf"表结构

字 段 名	类 型	宽 度	是否为空
学号	字符型	11	否
姓名	字符型	8	是
性别	字符型	2	是
系部	字符型	6	是
出生日期	日期型	8	是
入学成绩	数值型	5，1	是
籍贯	字符型	10	是
备注	备注型	4	是
照片	通用型	4	是

表 2-2 "成绩表.dbf"表结构

字 段 名	类 型	宽 度	是否为空
学号	字符型	11	否
课程号	字符型	4	否
成绩	整型	4	是

表 2-3 "课程表.dbf"表结构

字 段 名	类 型	宽 度	是否为空
课程号	字符型	4	否
课程名	字符型	10	是
开课单位	字符型	6	是
学时数	整型	4	是
学分	数值型	2, 0	是
开课学期	数值型	1, 0	是

（4）向 3 个数据库表中添加相应的记录，"学生表.dbf"、"成绩表.dbf"和"课程表.dbf" 3 个数据库表文件中的记录如图 2-1、图 2-2 和图 2-3 所示。

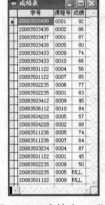

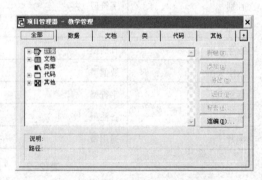

图 2-1 "学生表.dbf"表记录　　　图 2-2 "成绩表.dbf"　　　图 2-3 "课程表.dbf"
　　　　　　　　　　　　　　　　　　表记录　　　　　　　　表记录

操作要点：

（1）"教学管理.pjx"项目文件的建立。

① 选择"文件"菜单下的"新建"命令，弹出"新建"对话框。

② 在"新建"对话框中选择"项目"单选按钮，再单击"新建文件"按钮，弹出"创建"对话框。

③ 在"创建"对话框中的"项目文件"文本框中输入"教学管理"，再按【Enter】键或单击"保存"按钮，弹出"项目管理器-教学管理"对话框，如图 2-4 所示，这样就可以建立项目文件了。

图 2-4 "教学管理"项目管理器

（2）"学生管理.dbc"数据库文件的建立。

① 在项目管理器中的"数据"选项卡下选择"数据库"选项，单击"新建"按钮，弹出"新建数据库"对话框。在该对话框中单击"新建数据库"按钮，弹出"创建"对话框。

② 在"创建"对话框中输入数据库文件名"学生管理"，然后单击"保存"按钮，并弹出"数据库设计器-学生管理"窗口，如图 2-5 所示。

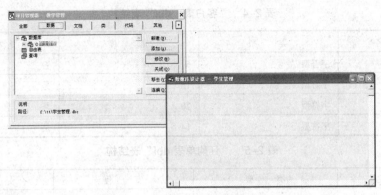

图 2-5　"学生管理"数据库设计器

（3）表结构的建立及记录的添加。

① 在项目管理器中的"数据"选项卡下展开"数据库"结点下的"学生管理"结点，选择"表"选项，单击"新建"按钮，弹出"新建表"对话框。在该对话框中，单击"新建表"按钮，弹出"创建"对话框。

② 在"创建"对话框中输入表文件名"学生表"，然后单击"保存"按钮，并弹出"表设计器-学生表"对话框。按照表 2-1 中的内容，在"表设计器-学生表"对话框中填入学生表的表结构，如图 2-6 所示。输入完表结构的内容后，单击"确定"按钮，弹出提示"现在输入数据记录吗？"的对话框，单击"是"按钮进入"学生表"的浏览窗口，按照图 2-1 进行表记录的添加。

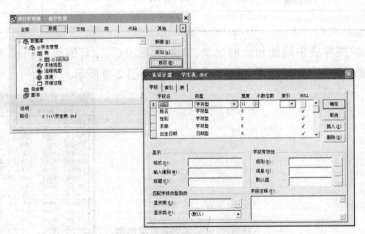

图 2-6　"学生表"表设计器

③ 重复操作步骤②，依照表 2-2 和表 2-3 中的内容，分别创建"成绩表.dbf"和"课程表.dbf"的表结构。然后按照图 2-2 和图 2-3 进行表记录的添加。

【实验内容】

（1）建立"企业管理.pjx"项目文件。

（2）在项目管理器下建立"订货管理.dbc"数据库文件。

（3）在订货管理数据库下建立"客户表.dbf"、"订购单表.dbf"和"订购单明细表.dbf"3 个数据库表文件。表结构如表 2-4、表 2-5 和表 2-6 所示。

表 2-4 “客户表. dbf”表结构

字 段 名	类 型	宽 度	是否为空
客户号	字符型	6	否
客户名	字符型	16	是
地址	字符型	20	是
电话	字符型	14	是

表 2-5 “订购单表.dbf”表结构

字 段 名	类 型	宽 度	是否为空
客户号	字符型	6	是
订单号	字符型	6	否
订购日期	日期型	8	是
总金额	浮动型	15，2	是

表 2-6 “订购单明细表.dbf”表结构

字 段 名	类 型	宽 度	是否为空
订单号	字符型	6	否
器件号	字符型	6	否
器件名	字符型	16	是
单价	浮动型	10，2	是
数量	整型	4	是

（4）向 3 个数据库表中添加相应的记录，“客户表.dbf”、“订购单表.dbf” 和 “订购单明细表.dbf” 3 个数据库表文件中的记录如图 2-7、图 2-8 和图 2-9 所示。

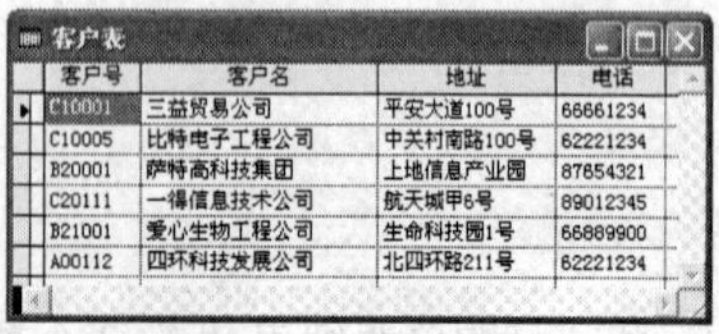

客户号	客户名	地址	电话
C10001	三益贸易公司	平安大道100号	66661234
C10005	比特电子工程公司	中关村南路100号	62221234
B20001	萨特高科技集团	上地信息产业园	87654321
C20111	一得信息技术公司	航天城甲6号	89012345
B21001	爱心生物工程公司	生命科技园1号	66889900
A00112	四环科技发展公司	北四环路211号	62221234

图 2-7 客户表

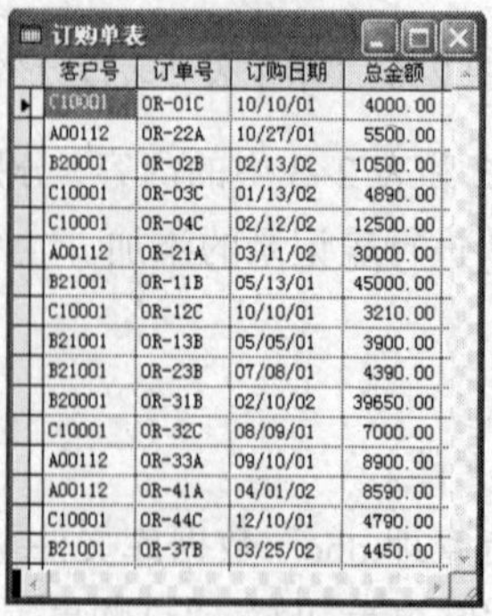

客户号	订单号	订购日期	总金额
C10001	OR-01C	10/10/01	4000.00
A00112	OR-22A	10/27/01	5500.00
B20001	OR-02B	02/13/02	10500.00
C10001	OR-03C	01/13/02	4890.00
C10001	OR-04C	02/12/02	12500.00
A00112	OR-21A	03/11/02	30000.00
B21001	OR-11B	05/13/01	45000.00
C10001	OR-12C	10/10/01	3210.00
B21001	OR-13B	05/05/01	3900.00
B21001	OR-23B	07/08/01	4390.00
B20001	OR-31B	02/10/02	39650.00
C10001	OR-32C	08/09/01	7000.00
A00112	OR-33A	09/10/01	8900.00
A00112	OR-41A	04/01/02	8590.00
C10001	OR-44C	12/10/01	4790.00
B21001	OR-37B	03/25/02	4450.00

图 2-8 订购单表

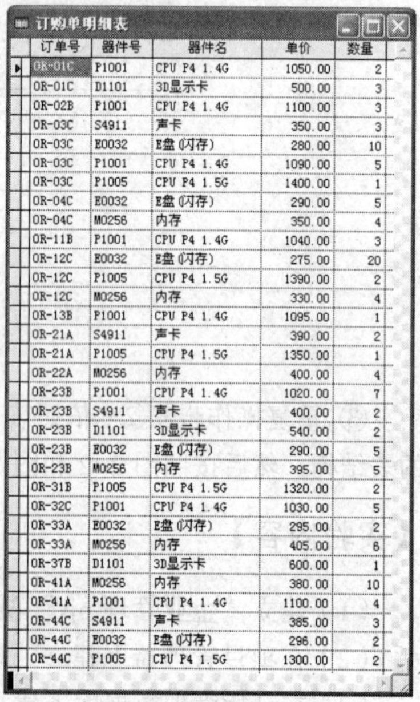

订单号	器件号	器件名	单价	数量
OR-01C	P1001	CPU P4 1.4G	1050.00	2
OR-01C	D1101	3D显示卡	500.00	3
OR-02B	P1001	CPU P4 1.4G	1100.00	3
OR-03C	S4911	声卡	350.00	3
OR-03C	E0032	E盘(闪存)	280.00	10
OR-03C	P1001	CPU P4 1.4G	1090.00	5
OR-03C	P1005	CPU P4 1.5G	1400.00	1
OR-04C	E0032	E盘(闪存)	290.00	5
OR-04C	M0256	内存	350.00	4
OR-11B	P1001	CPU P4 1.4G	1040.00	3
OR-12C	E0032	E盘(闪存)	275.00	20
OR-12C	P1005	CPU P4 1.5G	1390.00	2
OR-12C	M0256	内存	330.00	4
OR-13B	P1001	CPU P4 1.4G	1095.00	1
OR-21A	S4911	声卡	390.00	2
OR-21A	P1005	CPU P4 1.5G	1350.00	1
OR-22A	M0256	内存	400.00	4
OR-23B	P1001	CPU P4 1.4G	1020.00	7
OR-23B	S4911	声卡	400.00	2
OR-23B	D1101	3D显示卡	540.00	2
OR-23B	E0032	E盘(闪存)	290.00	5
OR-23B	M0256	内存	395.00	5
OR-31B	P1005	CPU P4 1.5G	1320.00	2
OR-32C	P1001	CPU P4 1.4G	1030.00	5
OR-33A	E0032	E盘(闪存)	295.00	2
OR-33A	M0256	内存	405.00	6
OR-37B	D1101	3D显示卡	600.00	1
OR-41A	M0256	内存	380.00	10
OR-41A	P1001	CPU P4 1.4G	1100.00	4
OR-44C	S4911	声卡	385.00	3
OR-44C	E0032	E盘(闪存)	296.00	2
OR-44C	P1005	CPU P4 1.5G	1300.00	2

图 2-9 订购单明细表

2.2 实验二 常量、变量、运算符和表达式

【实验目的】

掌握常量的类型和用法；掌握变量的分类，字段变量和内存变量用法上的差别；掌握表达式的构造方法。

【实验范例】

在 Visual FoxPro 中，有如下内存变量赋值和数组定义语句：

```
X={^2011-05-28}
Y=.F.
M=1234.56
N=$123.45
STORE "123.45" TO Z
DIMENSION A(3)
```

执行上述语句之后，内存变量 X，Y，M，N 和 Z 的数据类型分别是 D、L、N 、Y、C。数组 A 的 3 个变量值是.F.。

具体要求：

（1）给各个变量赋值。

（2）在同一行输出各变量的值。

（3）换行输出变量 X 和 Y 的值。

（4）在 X 和 Y 的变量值输出行，输出数组 A(3)的值。

（5）清除变量 X 的值。

（6）再一次换行输出变量 X 和 Y 的值。

操作要点：

（1）X，Y，N 和 Z 赋值时，注意格式写法。

（2）数组 A 定义后，A(1)、A(2)和 A(3)自动赋初值.F.。

（3）同一行输出变量使用??。

（4）换行输出变量使用?。

（5）可以释放指定变量。

操作结果如图 2-10 所示。

图 2-10 内存变量练习结果

【实验内容】

（1）在命令窗口中逐条输入如下命令，查看显示结果。

```
X=1
X=X+1
? X
?? X
? "X=",X
? (X+3)^2
? (X+7)^(1/2)
? X%2
STORE 1 TO M,N
? M+N
C1="AA　"+ "BB"
C2="AA　"- "BB"
? C1,C2
? LEN(C1),LEN(C2)
? "AB" $ "ABC"
? "AB" $ "ACB"
? "北京" $ "中国"
? {^2010-10-08}-{^2010-10-01}
X=3
? X==3
? NOT(X=3)
? X>=1 AND X<=5
? X<3 OR X>5
```

（2）在命令窗口中执行如下命令，查看显示结果。

```
CLEAR MEMORY
DIME A(2,4),B(2)
A=0
A(1,2)="BOOK"
A(1,3)={^2011/02/12}
A(1,4)=.T.
A(2,1)=100
DISP MEMORY
```

（3）假设学生表已在当前工作区打开，其当前记录的"姓名"字段值为"刘昕"（字符型，宽度为 8）。在命令窗口输入并执行如下命令：

```
姓名=姓名-"您好"
? 姓名
```

请问主窗口中将显示什么内容？

（4）练习。

① 教材例题。输入如下命令，查看显示结果。

```
SET CENTURY OFF
SET MARK TO "."
SET DATE TO YMD
?{^2009-08-18}
```

主屏幕显示：

```
09.08.18
```

② 教材【例 3.6】日期时间示例。

`?{^2009-08-18}-10, {^2009-08-18}-{^2009-08-06}`

正常情况下，主屏幕窗口中显示：08/08/09   12

实际上，主屏幕窗口中显示：09/08/08   12

请说明原因，并执行命令，使系统恢复默认格式。

（5）练习最简单程序的基本操作（新建、保存、运行、编辑）。

① 程序运行时，从键盘输入半径，输出圆面积和圆周长。

② 程序运行时，从键盘输入两个字符串，连接后输出。

③ 程序运行时，从键盘输入两个整数赋给变量 X 和 Y，输出表达式 $2X^2+3Y^3$ 的值。

 提 示

每道题建立一个程序，不要把多道题目存放到一个程序文件中。

建立和修改程序命令：MODIFY COMMAND 程序文件名

运行程序命令：DO 程序文件名

 注 意

以下都是常见的错误语句。

```
INPUT 3 TO X
INPUT 1 TO X,Y,Z
?S=PI()*R^2
S=PI*R^2
C=2PI()*R
```

2.3 实验三 常用函数

【实验目的】

掌握常用函数的使用方法。

【实验范例】

学生表的结构如下：

学生（学号 C(11)，姓名 C(8)，性别 C(2)，系部 C(6)，出生日期 D，党员否 L，入学成绩 N(5,1)，籍贯 C(20)，备注 M）

具体要求：

针对学生表，显示满足下列条件的记录。

（1）姓"张"的学生。

（2）20 岁以下的学生。

（3）20 岁以下的党员学生。

（4）入学成绩在 550 分（包括 550）以上的黑龙江、吉林和辽宁的学生。

操作要点：

（1）输入：`list for left(姓名,2)="张"`

或 list for substr(姓名,1,2)="张"

显示结果如图 2-11 所示。

图 2-11　显示结果 1

（2）输入：list for year(date())-year(出生日期)<=20

显示结果如图 2-12 所示。

图 2-12　显示结果 2

（3）输入：list for year(date())-year(出生日期)<=20 and 党员否

显示结果如图 2-13 所示。

图 2-13　显示结果 3

（4）输入：list for round(入学成绩,-2)=600 and alltrim(籍贯)$"黑龙江吉林辽宁"

显示结果如图 2-14 所示。

图 2-14　显示结果 4

【实验内容】

（1）在命令窗口中逐条输入如下表达式，查看显示结果。

```
? ABS(-3)
? SQRT(25)
? PI()
? MOD(10,3)
? INT(3.7)
? MAX(3,7,2),MIN(3,7,2)
? "A"+SPACE(3)+"B"
```

```
SS= " "+"TEST"+SPACE(3)
? TRIM(SS)
? LTRIM(SS)
? ALLTRIM(SS)+TRIM(SS)+LTRIM(SS)
? LEN(SS),LEN(TRIM(SS)),LEN(LTRIM(SS)),LEN(ALLTRIM(SS))
? LEFT("于得水",2)
? RIGHT("ABCDEFG",3)
? SUBS("于得水",1,2)
? SUBS("许三多",3)
X= "GOOD BYE!"
? LEFT(X,2),SUBS(X,6,2)+SUBS(X,6),RIGHT(X,3)
X= "This is Visual FoxPro"
? AT("fox",X), AT("is",X)
? "当前时间是: "+TIME()
? "今天是: "+DTOC(DATE())
? YEAR(DATE())
X=1
? "X="+STR(X,1)
? "X="+STR(X)
? "X="+LTRIM(STR(X))
X="1"
? 1+VAL(X)
? ASC("A")
? ASC("a")-ASC("A")
? CHR(65),CHR(97)
N="123"
? 5+&N
M="N"
? M
? &M
USE 学生表    &&如果不是默认目录，在学生表前需给出路径
?BOF( ),RECNO( )
SKIP -1
?BOF( ),RECNO( )
GO BOTTOM
?EOF( ),RECNO( )
SKIP
?EOF( ),RECNO( ),RECCOUNT( )
```

（2）练习。

① 教材【例 3.10】在不同的字符排序次序下，比较字符串的大小。

```
SET COLLATE TO "Machine"
? "助教">"教授","abc">"a", "">"a", "XYZ">"a"
```

在主屏幕窗口中显示：

.T. .F. .F. .F.

```
SET COLLATE TO "PinYin"
? "助教">"教授","abc">"a", "">"a", "XYZ">"a"
```

在主屏幕窗口中显示：

.T. .F. .F. .T.

```
SET COLLATE TO "Stroke"
? "助教">"教授","abc">"a", "">"a", "XYZ">"a"
```

在主屏幕窗口中显示：

.F.   .F.   .F.   .T.

② 输入如下表达式：

?MAX('99', '100', '200'),MIN('师长', '军长', '司令')

查看发现结果不正确，请说明原因并提出解决方法。

 提 示

输出命令 SET COLLATE TO "Machine".

（3）编写并调试程序。

① 程序运行时，从键盘输入一个三位整数，输出这个整数的百位数、十位数和个位数。要求使用算术表达式编程。

② 程序运行时，从键盘输入一个三位整数，输出这个整数的百位数、十位数和个位数。要求使用字符串处理函数编程。

③ 程序运行时，从键盘依次输入两个整数和一个算术运算符，按指定格式输出运算结果。例如：输入 1、1、+，则输出 1+1=2。

 提 示

使用宏代换函数&。

2.4   实验四   库、表的编辑

【实验目的】

掌握数据库表和自由表之间的关系，能够对数据表进行熟练操作。掌握数据库表表设计器的使用，能够熟练掌握对数据记录的添加、删除操作，能够熟练地设置数据有效性、字段替换、设置字段默认值等操作。

【实验范例】

具体要求：

（1）打开学生管理数据库，将学生表、成绩表、课程表加入学生管理数据库。

（2）将成绩表从学生管理数据库中移去。

（3）给学生表添加一条新记录，记录内容为（20093503725，王欢，男，信息系，1990-09-26，非党员，583，广西）。

（4）给学生表添加一个字段，字段名为 email C（20），字段不允许为空，并将此字段值输入进去，字段值为学生的"学号@163.com"，例：李一的学号为"20093501122"，则李一的 email 为"20093501122@163.com"。

（5）设置学生表中性别字段的有效性规则，违背规则时提示"性别必须是男或女"。

（6）设置课程表中学分字段的默认值为 2。

（7）将学生表中所有男同学的入学成绩增加 5 分。

（8）将新添加的学生记录从表中彻底删除。

操作要点：

（1）打开学生管理数据库，右击并在打开的快捷菜单中选择"添加表"选项，在打开的对话框中分别选中学生表、课程表和成绩表，将 3 个表添加到学生管理数据库中。

（2）右击成绩表，从打开的快捷菜单中选择"删除"选项，弹出提示"把表从数据库中移去还是从磁盘上删除？"的对话框，单击"移去"按钮，如图 2-15 所示，再单击"是"按钮。此时成绩表从学生管理数据库中移去。

（3）在学生管理数据库中右击学生表，并在打开的快捷菜单中选择"浏览"选项，打开学生表的浏览窗口，然后选择"表"菜单下的"追加新记录"命令，将新学生的记录信息添加进去。

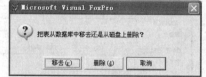

图 2-15　删除对话框

（4）选择"显示"菜单下的"表设计器"命令，打开"表设计器-学生表"对话框。将 email 字段添加到字段列表最后。

（5）选择"显示"菜单下的"浏览学生表"命令，打开学生表的浏览窗口。接着选择"表"菜单下的"替换字段"命令打开"替换字段"对话框。设置相应的选项后，单击"替换"按钮，如图 2-16 所示。

（6）查看学生表的浏览窗口。

（7）选择"显示"菜单下的"表设计器"命令，打开"表设计器-学生表"对话框，选择"性别"字段，设置字段有效性规则，如图 2-17 所示。

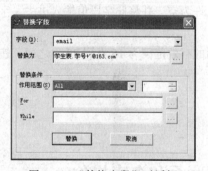

图 2-16　"替换字段"对话框

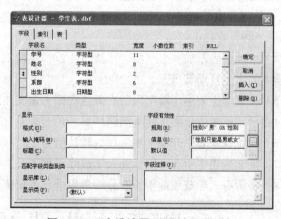

图 2-17　"表设计器-学生表"对话框

（8）在学生管理数据库中右击课程表，并在打开的快捷菜单中选择"浏览"选项，打开课程表的浏览窗口，选择"显示"菜单下的"表设计器"命令，打开"表设计器-课程表"对话框，选择"学分"字段，将默认值设置为 2，如图 2-18 所示。

（9）在学生管理数据库中右击学生表，并在打开的快捷菜单中选择"浏览"选项，打开学生表的浏览窗口，然后选择"表"菜单下的"替换字段"命令，打开"替换字段"对话框。将所有男同学的入学成绩字段增加 5 分，如图 2-19 所示。

（10）选择"表"菜单下的"转到记录"子菜单中的"定位"命令，打开"定位记录"对话框，根据学号查找新添加的学生。

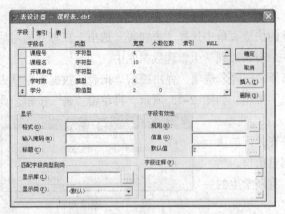

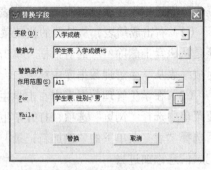

图 2-18 "表设计器-课程表"对话框   图 2-19 设置学生表中男同学的成绩

（11）单击"定位"按钮，找到新添加的学生，单击记录前的小方块，使其变为黑色。

（12）选择"表"菜单下的"彻底删除"命令，在弹出的对话框中单击"确定"按钮。此学生就从表中彻底删除，右击该表，在弹出的快捷菜单中选择"浏览"选项即可进行查看。

【实验内容】

（1）打开学生管理数据库，将学生表、成绩表、课程表加入学生管理数据库。

（2）将课程表从学生管理数据库中移去。

（3）给学生表添加一条新记录，记录内容为（20093503728，刘先军，男，投资系，1990-08-21，非党员，589，吉林）。

（4）给学生表添加一个字段，年龄 N（2），字段不允许为空，并将此字段值输入进去，字段值由学生的出生日期算出。

（5）设置学生表中年龄字段的有效性规则，定义年龄的有效范围为 16 岁到 30 岁之间。违背规则时提示"此考生年龄可能有问题！"。

（6）设置课程表中开课学期字段的默认值为 1。

（7）将学生表中所有女同学的入学成绩增加 5 分。

（8）将所有入学成绩低于 560 分的学生进行逻辑删除。

2.5 实验五 索引、表之间联系和多表操作

【实验目的】

熟练掌握数据库表索引的建立，建立多表之间的联系，查看参照完整性的设置。了解多工作区的概念。

【实验范例】

具体要求：

（1）在学生表中基于学号字段建立主索引，在课程表中基于课程号字段建立主索引，在成绩表中基于课程号字段建立普通索引，在成绩表中基于学号字段建立普通索引。

（2）指定学生表中学号索引项为当前索引，指定课程号索引项为课程表的当前索引，指定学号索引项为成绩表的当前索引。

（3）为学生表和成绩表建立一对多联系；为课程表和成绩表建立一对多联系。

（4）查看学生表和成绩表的参照完整性设置。

（5）分别在第 1、2 工作区打开学生表和成绩表。

操作要点：

（1）打开学生管理数据库，将学生表、成绩表和课程表添加到数据库中。

（2）在学生管理数据库中右击学生表，在打开的快捷菜单中选择"修改"选项，打开"表设计器-学生表"对话框。选择"学号"字段，在"索引"下拉列表框中选择"升序"选项。然后再选择"索引"选项卡，在"类型"下拉列表框中选择"主索引"选项，如图 2-20 所示。

（3）在学生管理数据库中右击课程表，在打开的快捷菜单中选择"修改"选项，打开"表设计器-课程表"对话框。选择"课程号"字段，在"索引"下拉列表框中选择"升序"选项。然后再选择"索引"选项卡，在"类型"下拉列表框中选择"主索引"选项，如图 2-21 所示。

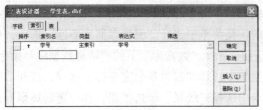 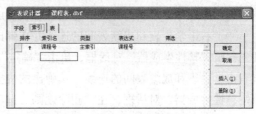

图 2-20　设置"学生表"的主索引　　　　图 2-21　设置"课程表"的主索引

（4）在学生管理数据库中右击成绩表，在打开的快捷菜单中选择"修改"选项，打开"表设计器-成绩表"对话框。选择"课程号"字段，在"索引"下拉列表框中选择"升序"选项，选择"学号"字段，在"索引"下拉列表框中选择"升序"选项，然后再选择"索引"选项卡，依次单击"课程号"和"学号"的类型下三角按钮，选择"普通索引"选项，如图 2-22 所示。

（5）在学生管理数据库中右击学生表，在打开的快捷菜单中选择"浏览"选项，选择"表"菜单下的"属性"命令，打开的"工作区属性"对话框，单击"索引顺序"下三角按钮，选择"学生表：学号"选项，如图 2-23 所示。

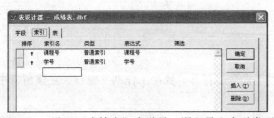 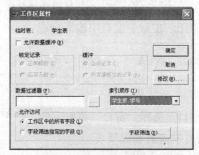

图 2-22　设置"成绩表"中学号、课程号和索引类型　　　图 2-23　设置学生表的索引顺序

（6）在学生管理数据库中右击课程表，在打开的快捷菜单中选择"浏览"选项，选择"表"菜单下的"属性"命令，打开的"工作区属性"对话框，单击"索引顺序"下三角按钮，选择"课程表：课程号"选项，如图 2-24 所示。

（7）在学生管理数据库中右击成绩表，在打开的快捷菜单中选择"浏览"选项，选择"表"菜单下的"属性"命令，打开的"工作区属性"对话框，单击"索引顺序"下三角按钮，选择"成绩表：学号"选项，如图 2-25 所示。

图 2-24　设置课程表的索引顺序

图 2-25　设置成绩表的索引顺序

（8）在学生管理数据库中，单击学生表的"学号"索引，将其拖动到成绩表的"学号"索引处释放，建立学生表和成绩表的一对多的联系。再单击课程表的"课程号"索引，将其拖动到成绩表的"课程号"索引处释放，建立课程表和成绩表的一对多的联系，如图 2-26 所示。

（9）右击学生表和成绩表间的连线并在弹出的快捷菜单中选择"编辑参照完整性"选项，打开"参照完整性生成器"对话框，单击"确定"按钮。选择"数据库"下的"清理数据库"命令。再右击学生表和成绩表间的连线，从弹出的快捷菜单中选择"编辑参照完整性"选项，打开"参照完整性生成器"对话框，在"删除规则"选项卡中选择"级联"单选按钮，在"更新规则"选项卡中选择"级联"单选按钮，在"插入规则"选项卡中选择"限制"单选按钮，如图 2-27 所示。

图 2-26　学生管理数据库设计器

图 2-27　参照完整性生成器窗口

（10）在命令窗口中输入命令：

```
SELECT 1
USE 学生表
SELECT 2
USE 成绩表
```

（11）选择"窗口"菜单下的"数据工作期"命令，打开"数据工作期"窗口，在该窗口中分别查看学生表和成绩表。

【实验内容】

（1）在学生表中基于学号字段建立主索引，基于籍贯字段建立普通索引；在课程表中基于课程号字段建立主索引，基于课程名建立候选索引；在成绩表中基于课程号字段建立普通索引，在成绩表中基于学号字段建立普通索引。

（2）指定学生表中籍贯索引项为当前索引，指定课程名索引项为课程表的当前索引，指定课程号索引项为成绩表的当前索引。

（3）为学生表和成绩表建立一对多联系；为课程表和成绩表建立一对多联系。

（4）查看学生表和成绩表的参照完整性设置。

（5）分别在第 5、3 工作区打开学生表和成绩表。

2.6 实验六 表单及其控件属性设置（一）

【实验目的】

掌握表单创建和编辑方法，熟悉表单常用属性、方法和常用事件，掌握标签、文本框、命令按钮、命令组、选项组、列表框和组合框的使用方法。

【实验范例】

创建如图 2-28 所示表单。

具体要求：

（1）表单标题改为"四则运算"，最大化、最小化、关闭按钮均不可用。

（2）所有控件的字号都设置为 16 号。

（3）"X="、"Y="两个标签名称分别是 LABEL1 和 LABEL2，设置为黑体、加粗；它们后面的文本框 TEXT1、TEXT2 设置为数值型。

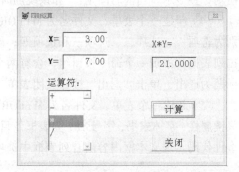

图 2-28 实验范例

（4）"X*Y="这个标签名称是 LABEL4，初始内容为空串，可自动调节大小；它下面的文本框 TEXT3 设置为只读。

（5）运算符列表框包含加减乘除 4 项，选某项后，LABEL4 的内容相应改变。

（6）单击计算按钮可以进行相应运算并把结果显示在 TEXT3 中，单击"关闭"按钮关闭表单。

操作要点：

（1）选定表单，修改 Caption、MaxButton、MinButton 和 Closable 属性。

（2）选定所有标签和文本框控件，设置 FontSize 属性值为 16，调整各控件位置。

（3）依次选定各个标签和命令按钮，修改 Caption 属性。其中还要将 LABEL1、LABEL2 的 FontBold 属性修改为.T.、FontName 属性修改为黑体；将 LABEL4 的 AutoSize 属性修改为.T.。

（4）依次选定文本框 TEXT1、TEXT2，修改 Value 属性为 0.00；选定文本框 TEXT3，修改 ReadOnly 属性为.T.。

（5）选定列表框，修改 RowSourceType 属性为 1-值，RowSource 属性为+,-,*,/ 。双击列表框，在过程下拉列表框中选择 InteractiveChange 事件，编写如下代码：

```
THISFORM.LABEL4.CAPTION='X'+THISFORM.LIST1.VALUE+'Y='
THISFORM.TEXT3.VALUE=''   &&每次改变运算符，显示结果的文本框都初始化为空串
```

（6）双击计算按钮，编写如下代码：

```
X=THISFORM.TEXT1.VALUE
Y=THISFORM.TEXT2.VALUE
YSF=THISFORM.LIST1.VALUE
```

```
THISFORM.TEXT3.VALUE=X&YSF.Y
```
（7）双击关闭按钮，编写如下代码：
```
THISFORM.RELEASE
```

【实验内容】

（1）新建一个表单，文件名为 MYFORM1.scx，标题为"表单属性练习"，设置任意一个图片为表单背景图片，设置不能使用表单的最大化按钮、最小化按钮、关闭按钮，设置表单的 Height 属性为 300，Width 属性为 400，Left 属性为 20，TOP 属性为 30。

（2）新建一个表单，文件名为 MYFORM2.scx，添加两个标签，标题分别为"用户名:"和"密码"，设置标题字体为黑体，字号 16，字体加粗；添加两个文本框，设置一个文本框的前景色为红色，另一个文本框中的内容用星号代替。添加一个命令按钮，标题为退出，单击"退出"按钮关闭表单。

（3）新建一个表单，文件名为 MYFORM3.scx，添加一个标签，标题为空字符串，设置标题字体为楷体，字号 16；添加两个命令按钮，一个标题为刷新，另一个标题为退出，单击"刷新"按钮则标签显示"当前时间是:"和系统的时间，单击"退出"按钮关闭表单。

（4）新建一个表单，文件名为 MYFORM4.scx，添加一个选项按钮组，按钮个数为 4，标题分别为选项一、选项二、选项三和选项四；添加一个组合框，下拉条目为男、女，设置组合框为下拉列表框；添加一个命令按钮组，含有两个按钮，水平显示，一个按钮标题为确定，另一个按钮标题为退出，单击"退出"按钮关闭表单。

（5）新建一个表单，文件名为 MYFORM5.scx，添加一个文本框和一个列表框，文本框设置为只读属性，字体隶书，字号 18；列表框条目为春、夏、秋、冬；通过编写列表框的 InteractiveChange 事件代码实现文本框内容随着列表框中选项变化而变化。

2.7　实验七　表单及其控件属性设置（二）

【实验目的】

掌握微调控件、线条、形状、计时器、页框的使用方法。

【实验范例】

创建如图 2-29、图 2-30、图 2-31 所示表单。

图 2-29　"形状与微调按钮"选项卡　　　　　　图 2-30　"计时器显示系统时间"选项卡

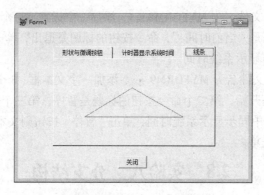

图 2-31 "线条"选项卡

具体要求：

（1）表单含有一个页框，一个命令按钮，单击"关闭"按钮关闭表单。

（2）页框有 3 个选项卡，第一个选项卡中通过微调按钮可以控制形状的曲率变化，使形状可以从矩形变成椭圆；第二个选项卡中使用一个标签显示时间，与当前系统时间同步，标签字体加粗、字号为 20；第三个选项卡中显示一个三角形。

操作要点：

（1）新建一个表单，向其中添加一个页框和一个命令按钮。

（2）双击命令按钮，编写 Click 事件代码：THISFORM.RELEASE。

（3）右击页框并选择"编辑"选项，使页框套上青色框。

（4）单击第一个选项卡，修改 Caption 属性；在该选项卡中添加一个形状、一个标签和一个微调按钮；修改形状的 Height 属性值为 70，Width 属性值为 120；修改标签 Caption 属性；修改微调按钮的 SpinnerHighValue 值为 99，SpinnerLowValue 属性值为 0；双击微调按钮，编写 InteractiveChange 事件代码：THISFORM.PAGEFRAME1.PAGE1.SHAPE1.CURVATURE=THIS.VALUE。

（5）单击第二个选项卡，修改 Caption 属性；在页面中添加一个标签和一个计时器；修改标签的 Caption 属性值为空串，AutoSize 属性值为.T.，FontSize 属性值为 20，FontBold 属性值为.T.；修改计时器 Interval 属性值为 1 000，双击计时器，编写 Timer 事件代码：THISFORM.PAGEFRAME1.PAGE2.LABEL1.CAPTION=TIME()。

（6）单击第三个选项卡，修改 Caption 属性；在该选项卡中添加 3 个线条，表示三角形的 3 条边，其中一个的 LineSlant 属性值改为"/"，底边需要水平拖动鼠标，调整 3 个线条的大小封闭图形。

【实验内容】

（1）新建一个表单，文件名为 MYFORM6.scx，添加一个微调按钮和一个形状；设置微调按钮的 SpinnerHighValue 为 99，SpinnerLowValue 为 0；设置形状控件的背景色为黑色；要求单击微调按钮时形状随着微调按钮值的变化其曲率随着变化，当微调按钮值为 99 时，形状变为圆或椭圆。

（2）新建一个表单，文件名为 MYFORM7.scx，添加一个页框，含有 3 个选项卡，第一个选项卡标题是正方形，其中含有一个形状控件，设置为正方形；第二个选项卡标题是圆，其中含有一个形状控件，设置为圆；第三个选项卡标题是三角形，其中含有 3 个线条控件，连接成一个三角形。向表单中添加一个命令按钮，标题是退出，单击"退出"按钮关闭表单。

（3）新建一个表单，文件名为 MYFORM8.scx，添加一个标签，一个文本框，一个计时器和一个命令按钮。标签的标题是"当前时间："，命令按钮的标题是退出，单击"退出"按钮关闭表单，运行表单时文本框中同步显示系统时间。

（4）新建一个表单，文件名为 MYFORM9.scx，添加一个文本框、3 个命令按钮和一个计时器。第一个命令按钮的标题是开始，第二个命令按钮的标题是暂停，第三个命令按钮的标题是退出。单击"开始"按钮文本框中同步显示系统时间，单击"暂停"按钮则文本框中暂停显示系统时间，单击"退出"按钮关闭表单。

2.8　实验八　分支结构

【实验目的】

掌握 IF 分支结构的基本格式、流程及使用方法，掌握 DO CASE...ENDCASE 分支结构的格式、流程及使用方法。

【实验范例】

创建如图 2-32 所示表单。

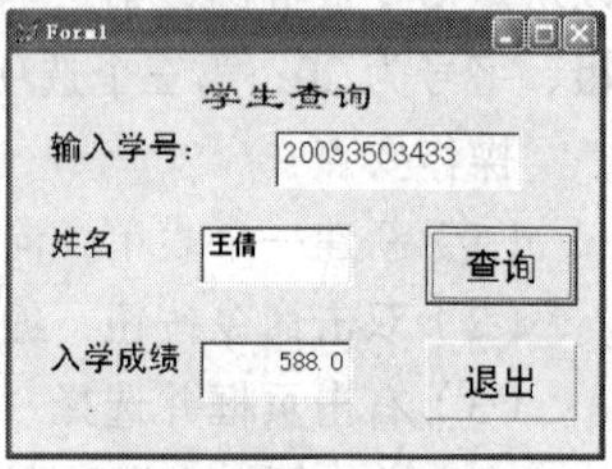

具体要求：

输入一个学生的学号，单击"查询"按钮将查询结果显示在相应文本框内；没找到该学生，则使用 MESSAGEBOX()输出"没有此学生！"；单击"退出"按钮关闭表单。

操作要点：

图 2-32　实验八范例

查询按钮的 Click 代码如下：

```
USE 学生表              &&已经把学生表所在文件夹设置成默认目录
LOCA FOR 学号=ALLTRIM(THISFORM.TEXT1.VALUE)  &&ALLTRIM 去掉字符串首尾空格
IF FOUND()
    THISFORM.TEXT2.VALUE=姓名
    THISFORM.TEXT3.VALUE=入学成绩
ELSE
    MESSAGEBOX('没有此学生！')
ENDIF
USE
```

【实验内容】

（1）设计一个表单，文件名为 MYFORM11.scx，在一个文本框内输入圆的半径，单击"计算"命令按钮，在另一个文本框内输出圆的面积，若半径小于 0，则使用 MESSAGEBOX()输出"圆半径不能小于零！"。单击"退出"按钮关闭表单。

（2）设计一个表单，文件名为 MYFORM12.scx，在 3 个文本框内分别输入三角形的 3 条边的边长，单击"计算"命令按钮，利用海伦公式计算三角形面积并显示在一个标签中，三边不能构成三角形时，则使用 MESSAGEBOX()输出"不能构成三角形！"。单击"退出"按钮关闭表单。海伦公式：A、B、C 是 3 条边长，$S=(A+B+C)/2$，$AREA=SQRT(S*(S-A)*(S-B)*(S-C))$。

（3）设计一个表单，文件名为 MYFORM13.scx，在 3 个文本框中分别输入 3 个整数，在选项按钮组中选择降序或升序实现由大到小排序或由小到大排序，排序结果显示在一个标签中（为选项按钮组编写 InteractiveChange 事件代码）。单击"退出"按钮关闭表单。

（4）设计一个表单，文件名为 MYFORM14.scx，在一个文本框中输入一个英文字符串，在选项按钮组中选择全部大写、全部小写、首字母大写三者之一，单击"确定"按钮实现字符串转大写、字符串转小写或者字符串首字母大写其余字母小写然后显示在原文本框中。单击"退出"按钮关闭表单。

2.9 实验九 循环结构

【实验目的】

掌握 DO WHILE…ENDDO、FOR…ENDFOR 结构的格式、流程及使用方法，掌握累加、累乘算法，掌握循环处理数据表的方法。

【实验范例】

创建如图 2-33 所示表单。

具体要求：

在选项组中选择一种操作方式，统计结果自动显示在一个标签中。单击"退出"按钮关闭表单。

操作要点：

（1）将显示统计结果的标签 LABEL2 的 Caption 属性值设置为空串，同时将其 WordWrap 属性值设置为.T.。

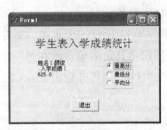

图 2-33 实验九范例

（2）选项按钮组的 InteractiveChange 代码如下：

```
USE 学生表
STORE 入学成绩 TO CJ_MAX,CJ_MIN
STORE RECNO() TO RN_MAX,RN_MIN
CJ_S=0
DO CASE
  CASE THIS.VALUE=1
    DO WHILE NOT EOF()
      IF 入学成绩>CJ_MAX
        CJ_MAX=入学成绩
        RN_MAX=RECNO()
      ENDIF
      SKIP
    ENDDO
    GO RN_MAX
    THISFORM.LABEL2.CAPTION='姓名: '+姓名+'入学成绩: '+STR(入学成绩,6,1)
  CASE THIS.VALUE=2
    DO WHILE NOT EOF()
      IF 入学成绩<CJ_MIN
        CJ_MIN=入学成绩
        RN_MIN=RECNO()
```

```
      ENDIF
      SKIP
    ENDDO
    GO RN_MIN
    THISFORM.LABEL2.CAPTION='姓名: '+姓名+'入学成绩: '+STR(入学成绩,6,1)
  CASE THIS.VALUE=3
    DO WHILE NOT EOF()
      CJ_S=CJ_S+入学成绩
      SKIP
    ENDDO
    THISFORM.LABEL2.CAPTION='平均入学成绩: '+STR(CJ_S/RECC(),6,1)
  ENDCASE
  USE
```

【实验内容】

（1）计算并输出 200 以内的偶数和及奇数和。

（2）输出所有的水仙花数。水仙花数是 3 位数，其各个位数的立方和等于自身，例如 $153=1^3+5^3+3^3$。

（3）设计一个表单，文件名为 MYFORM15.scx，在一个文本框内输入一个整数，单击"计算"按钮将其阶乘值显示在另一个文本框中。单击"退出"按钮关闭表单。

（4）计算并输出 $1! \times 2! \times \cdots \times N!$ 的运算结果，N 值在程序运行时输入。

2.10 实验十 循环嵌套

【实验目的】

掌握两层循环结构的流程及使用方法，掌握 EXIT 语句的使用方法。

【实验范例】

创建如图 2-34 所示表单。

具体要求：

单击显示素数按钮,将 100～200 之间所有素数显示在一个编辑框中。单击"退出"按钮关闭表单。

操作要点：

"显示素数"按钮的 Click 代码如下：

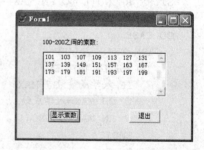

图 2-34 实验十范例

```
THISFORM.EDIT1.VALUE=''
FOR N=100 TO 200
 FOR J=2 TO N-1
  IF N%J=0
   EXIT
  ENDIF
 ENDFOR
 IF J>N-1
  THISFORM.EDIT1.VALUE=THISFORM.EDIT1.VALUE+STR(N,3)+' '
 ENDIF
ENDFOR
```

【实验内容】

（1）设计一个表单，文件名为 MYFORM16.scx，在一个文本框内输入一个大于 2 的整数，单击"判断"按钮即可判断该数字是否是素数，并将判断结果显示在一个标签中。单击"退出"按钮即可关闭表单。

（2）输出如下直角三角形的九九表。

$1 \times 1=1$

$2 \times 1=2 \ 2 \times 2=4$

...

$9 \times 1=9 \ 9 \times 2=19 \ ...9 \times 9=81$

（3）输出如下 4 行星号直角三角形。

```
*
**
***
****
```

（4）输出如下图形。

```
   *
  ***
 *****
*******
```

（5）输出 $1! +2! +\cdots+ N!$ 的运算结果，N 值在程序运行时输入，要求用两层循环实现。

2.11　实验十一　数组

【实验目的】

掌握数组使用方法。

【实验范例】

创建如图 2-35 所示表单。

具体要求：

单击"输出斐波那契数列"命令按钮，在一个编辑框内显示该数列的前 40 项。单击"退出"按钮关闭表单。斐波那契（Fibonacci）数列的形式是由这样一组数 1，1，2，3，5，8...组成，其特点是数列中第一个数和第二个数都是 1，从第三个数开始每个数都是前两个的和，如此排列下去。

操作要点：

"输出斐波那契数列"命令按钮的 Click 代码如下：

```
DIME FIB(40)
```

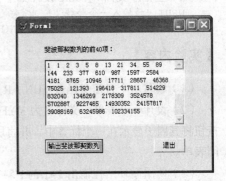

图 2-35　实验十一范例

```
STORE 1 TO FIB(1),FIB(2)
FOR X=3 TO 40
  FIB(X)=FIB(X-1)+FIB(X-2)
ENDFOR
FIBSTR=''
FOR X=1 TO 40
  FIBSTR=FIBSTR+LTRIM(STR(FIB(X)))+SPACE(2)
ENDFOR
THISFORM.EDIT1.VALUE=FIBSTR
```

【实验内容】

（1）用数组实现输入 10 个数，输出其中最大的和最小的数。

（2）用数组实现输入 10 个数，输出超过平均值的数的个数。

（3）设计一个表单，文件名为 MYFORM17.scx，单击"输出"命令按钮，在一个编辑框内显示一个 10×10 的矩阵，该矩阵主对角线和次对角线的元素都为 1，其余元素都为 0。单击"退出"按钮关闭表单。

2.12 实验十二 自定义函数及循环习题巩固（一）

【实验目的】

掌握自定义函数的使用方法，巩固循环结构程序设计。

【实验范例】

具体要求：

编写一个自定义函数 F（I），调用时输出 N!。

操作要点：

（1）函数 F.prg 设计如下：

```
FUNCTION F(I)
  F=1
  FOR K=1 TO I
    F=F*K
  ENDFOR
  RETURN F
ENDFUNC
```

（2）主程序文件 F_N.prg 设计如下：

```
INPUT '请输入一个整数: ' TO N
?ALLTRIM(STR(N))+'!='+ALLTRIM(STR(F(N)))
```

【实验内容】

（1）编写一个自定义函数 FUN（R），调用时输出圆面积。

（2）设计一个表单，文件名为 MYFORM18.scx，在一个文本框内输入一个整数，单击"计算"按钮将其因子显示在一个标签中，并将所有因子之和显示在另一个文本框中。单击"退出"按钮关闭表单。

（3）使用循环结构输出 1-1/3+1/5-1/7+1/9 的结果。

（4）使用循环结构输出 1-1/2+1/4-1/6+1/8-1/10 的结果。

2.13 实验十三 循环习题巩固（二）

【实验目的】

进一步巩固循环结构程序设计。

【实验范例】

创建如图 2-36 所示表单。

具体要求：

在文本框内输入成绩表中某个学生的学号，单击"查询"按钮在标签 LABEL4 中显示其所选课程的平均成绩和相应等级，若平均成绩大于等于 90 分为优秀，大于等于 75 分且小于 90 分为良好，大于等于 60 分且小于 75 分为及格，低于 60 分为不及格。单击"退出"按钮关闭表单。

图 2-36 实验十三范例

操作要点：

查询按钮的 Click 代码如下：

```
USE 成绩表
S_SCORE=0
C_COURSE=0
LOCA FOR 学号=ALLTRIM(THISFORM.TEXT1.VALUE)
IF FOUND()
  DO WHILE NOT EOF()
   IF  NOT ISNULL(成绩)
     S_SCORE=S_SCORE+成绩
     C_COURSE=C_COURSE+1
   ENDIF
   CONTINUE
  ENDDO
  AVG_SCORE=S_SCORE/C_COURSE
  DO CASE
     CASE AVG_SCORE>=90
       STU_LEVEL='优秀'
     CASE AVG_SCORE>=75
       STU_LEVEL='良好'
     CASE AVG_SCORE>=60
       STU_LEVEL='及格'
     OTHERWISE
       STU_LEVEL='不及格'
  ENDCASE
  THISFORM.LABEL4.CAPTION=ALLTRIM(STR(AVG_SCORE))+;
  '分 该同学成绩为'+STU_LEVEL
ELSE
  MESSAGEBOX('查无此人！')
ENDIF
USE
```

【实验内容】

（1）使用循环结构输出 3+33+333+3333 的结果。

（2）使用循环结构输出 3-33+333-3333 的结果。

（3）输出如下图形。

```
    1
   222
  33333
 4444444
```

（4）设计一个表单，要求在原字符串文本框内输入一个中文或英文字符串，在选项组中选择中文或英文，单击"反序"按钮将逆序字符串显示在另一个文本框中。单击"退出"按钮关闭表单。

2.14　实验十四　SQL 语言（一）

SQL 语言包括数据查询语言，数据定义语言和数据操纵语言。其中数据查询语句 SELECT 是功能非常强大的查询语句，也是 SQL 语言中的核心语句，本实验用到"订货管理"数据库，在其管理下的数据库表如实验一中的图 2-7、图 2-8、图 2-9 所示。

【实验目的】

熟练掌握 SQL 的基本查询功能，熟练掌握 SQL 的条件查询功能，熟练掌握 SQL 的分组查询功能，熟练掌握 SQL 的多表查询功能，掌握 SQL 的嵌套查询功能。

【实验范例】

操作要点：

（1）设置系统默认路径（数据库表所在文件夹）。

（2）在命令窗口执行如下查询命令（命令不区分大小写）。

① 查询"三益贸易公司"和"四环科技发展公司"的客户信息。按客户名的降序排序。

```
SELECT * FROM 客户表;
WHERE 客户表.客户名 = "三益贸易公司" OR 客户表.客户名 = "四环科技发展公司";
ORDER BY 客户表.客户名 DESC
```

查询结果 1 如图 2-37 所示。

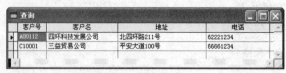

图 2-37　查询结果 1

② 查询 2002 年 5 月 1 日以前签订的订购单信息。

```
SELECT * FROM 订购单表 WHERE 订购单表.订购日期 < {^2002/05/01}
```

查询结果 2 如图 2-38 所示。

③ 查询每个客户所签订的所有订购单的数量，查询内容包括客户号、订单数量。按客户号的降序排序。

```
SELECT 订购单表.客户号, COUNT(*) AS 订单数量 FROM 订购单表;
GROUP BY 订购单表.客户号 ORDER BY 订购单表.客户号 DESC
```

查询结果 3 如图 2-39 所示。

④ 查询订购单总金额最高的 5 个订购单信息。

```
SELECT TOP 5 * FROM 订购单表 ORDER BY 订购单表.总金额 DESC
```

查询结果 4 如图 2-40 所示。

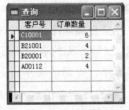

客户号	订单号	订购日期	总金额
C10001	OR-01C	10/10/01	4000.00
A00112	OR-22A	10/27/01	5500.00
B20001	OR-02B	02/13/02	10500.00
C10001	OR-03C	01/13/02	4890.00
C10001	OR-04C	02/12/02	12500.00
A00112	OR-21A	03/11/02	30000.00
B21001	OR-11B	05/13/01	45000.00
C10001	OR-12C	10/10/01	3210.00
B21001	OR-13B	05/05/01	3900.00
B21001	OR-23B	07/08/01	4390.00
B20001	OR-31B	02/10/02	39650.00
C10001	OR-32C	08/09/01	7000.00
A00112	OR-33A	09/10/01	8900.00
A00112	OR-41A	04/01/02	8590.00
C10001	OR-44C	12/10/01	4790.00
B21001	OR-37B	03/25/02	4450.00

图 2-38　查询结果 2

客户号	订单数量
C10001	6
B21001	4
B20001	2
A00112	4

图 2-39　查询结果 3

客户号	订单号	订购日期	总金额
B21001	OR-11B	05/13/01	45000.00
B20001	OR-31B	02/10/02	39650.00
A00112	OR-21A	03/11/02	30000.00
C10001	OR-04C	02/12/02	12500.00
B20001	OR-02B	02/13/02	10500.00

图 2-40　查询结果 4

⑤ 查询所有客户签订的订购单信息。查询内容包括客户号、客户名、订单号、订购日期和总金额。按客户号升序排序，客户号相同的按订单号的升序排序。

```
SELECT 订购单表.客户号, 客户表.客户名, 订购单表.订单号;
 订购单表.订购日期, 订购单表.总金额;
FROM 订购单表 INNER JOIN 客户表 ON 订购单表.客户号 = 客户表.客户号;
ORDER BY 订购单表.客户号, 订购单表.订单号
```

查询结果 5 如图 2-41 所示。

⑥ 查询没有签订过订单的客户信息。

```
SELECT * FROM 客户表 WHERE 客户号 NOT IN;
(SELECT 客户号 FROM 订购单表)
```

查询结果 6 如图 2-42 所示。

客户号	客户名	订单号	订购日期	总金额
A00112	四环科技发展公司	OR-21A	03/11/02	30000.00
A00112	四环科技发展公司	OR-22A	10/27/01	5500.00
A00112	四环科技发展公司	OR-33A	09/10/01	8900.00
A00112	四环科技发展公司	OR-41A	04/01/02	8590.00
B20001	萨特高科集团	OR-02B	02/13/02	10500.00
B20001	萨特高科集团	OR-31B	02/10/02	39650.00
B21001	爱心生物工程公司	OR-11B	05/13/01	45000.00
B21001	爱心生物工程公司	OR-13B	05/05/01	3900.00
B21001	爱心生物工程公司	OR-23B	07/08/01	4390.00
B21001	爱心生物工程公司	OR-37B	03/25/02	4450.00
C10001	三益贸易公司	OR-01C	10/10/01	4000.00
C10001	三益贸易公司	OR-03C	01/13/02	4890.00
C10001	三益贸易公司	OR-04C	02/12/02	12500.00
C10001	三益贸易公司	OR-12C	10/10/01	3210.00
C10001	三益贸易公司	OR-32C	08/09/01	7000.00
C10001	三益贸易公司	OR-44C	12/10/01	4790.00

图 2-41　查询结果 5

客户号	客户名	地址	电话
C10005	比特电子工程公司	中关村南路100号	62221234
C20111	一得信息技术公司	航天城甲6号	89012345

图 2-42　查询结果 6

⑦ 查询签订 5 个以上（包括 5 个）订单的客户信息。查询内容包括客户号、客户名、地址和电话。

```
SELECT 订购单表.客户号, 客户表.客户名, 客户表.地址, 客户表.电话;
 FROM 客户表 INNER JOIN 订购单表;
```

```
ON  客户表.客户号 = 订购单表.客户号;
GROUP BY 订购单表.客户号;
HAVING COUNT(*) >= 5
```

查询结果 7 如图 2-43 所示。

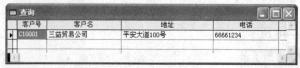

图 2-43   查询结果 7

【实验内容】

（1）在订购单表中，查询订单总金额在 10 000 元（含）～40 000 元（含）之间的订购单信息。查询内容包括订购单表中的所有内容。按总金额降序排序。查询结果 8 如图 2-44 所示。

（2）在订购单表中，查询客户号以 "A" 开头的客户所签订的订购单信息。查询内容包括订购单表中的所有内容。按签订日期升序排序。查询结果 9 如图 2-45 所示。

（3）在订购单表中，查询 2002 年订购的订购单信息。查询内容包括订购单表中的所有内容。按总金额降序排序。查询结果 10 如图 2-46 所示。

（4）在客户表中，查询客户名中包含 "公司" 内容的客户信息。查询内容包括客户表中的所有内容。查询结果 11 如图 2-47 所示。

客户号	订单号	订购日期	总金额
B20001	OR-31B	02/10/02	39650.00
A00112	OR-21A	03/11/02	30000.00
C10001	OR-04C	02/12/02	12500.00
B20001	OR-02B	02/13/02	10500.00

图 2-44   查询结果 8

客户号	订单号	订购日期	总金额
A00112	OR-33A	09/10/01	8900.00
A00112	OR-22A	10/27/01	5500.00
A00112	OR-21A	03/11/02	30000.00
A00112	OR-41A	04/01/02	8590.00

图 2-45   查询结果 9

客户号	订单号	订购日期	总金额
B20001	OR-31B	02/10/02	39650.00
A00112	OR-21A	03/11/02	30000.00
C10001	OR-04C	02/12/02	12500.00
B20001	OR-02B	02/13/02	10500.00
A00112	OR-41A	04/01/02	8590.00
C10001	OR-03C	01/13/02	4890.00
B21001	OR-37B	03/25/02	4450.00

图 2-46   查询结果 10

客户号	客户名	地址	电话
C10001	三益贸易公司	平安大道100号	66661234
C10005	比特电子工程公司	中关村南路100号	62221234
C20111	一得信息技术公司	航天城年号	89012345
B21001	爱心生物工程公司	生命科技园1号	66889900
A00112	四环科技发展公司	北四环路211号	62221234

图 2-47   查询结果 11

（5）在订购单明细表中，查询订单所需的每种器件的数量总和及总价值信息。查询内容包括器件号、器件名、总数量和总价值。按总数量降序排序。查询结果 12 如图 2-48 所示。

（6）在订购单表中，查询每个客户所签订的所有订单花费的总金额信息。查询内容包括客户号、客户名、总费用。按总费用降序排序。查询结果 13 如图 2-49 所示。

器件号	器件名	总数量	总价值
B9032	E盘(闪存)	44	12382.00
M0256	内存	33	12525.00
F1001	CPU P4 1.4G	30	31755.00
S4911	声卡	10	3785.00
F1005	CPU P4 1.5G	8	10770.00
D1101	3D显示卡	6	3180.00

图 2-48   查询结果 12

客户号	客户名	总费用
B21001	爱心生物工程公司	57740.00
A00112	四环科技发展公司	52990.00
B20001	萨特高科技集团	50150.00
C10001	三益贸易公司	36390.00

图 2-49   查询结果 13

（7）在客户表、订购单表和订购单明细表中，查询每个订购单的详细信息。查询内容包括订单号、客户号、客户名、器件号、器件名、单价、数量。按订单号升序排序。查询结果 14 如图 2-50 所示。

（8）在订购单表中，查询与订单号"OR-01C"同一个签订日期的其他订购单信息。查询内容包括订购单表中的所有内容。查询结果 15 如图 2-51 所示。

订单号	客户号	客户名	器件号	器件名	单价	数量
OR-01C	C10001	三益贸易公司	P1001	CPU P4 1.4G	1050.00	2
OR-01C	C10001	三益贸易公司	D1101	3D显示卡	500.00	3
OR-02B	B20001	萨特高科技集团	P1001	CPU P4 1.4G	1100.00	2
OR-03C	C10001	三益贸易公司	S4911	声卡	350.00	3
OR-03C	C10001	三益贸易公司	E0032	8盘(闪存)	280.00	1
OR-03C	C10001	三益贸易公司	P1001	CPU P4 1.4G	1090.00	5
OR-03C	C10001	三益贸易公司	P1005	CPU P4 1.5G	1400.00	1
OR-04C	C10001	三益贸易公司	E0032	8盘(闪存)	290.00	5
OR-04C	C10001	三益贸易公司	M0256	内存	350.00	4
OR-11B	B21001	爱心生物工程公司	P1001	CPU P4 1.4G	1040.00	5
OR-12C	C10001	三益贸易公司	M0256	内存	275.00	20
OR-12C	C10001	三益贸易公司	P1005	CPU P4 1.5G	1390.00	2
OR-12C	C10001	三益贸易公司	M0256	内存	330.00	4
OR-13B	B21001	爱心生物工程公司	P1001	CPU P4 1.4G	1095.00	1
OR-21A	A00112	四环科技发展公司	S4911	声卡	390.00	2
OR-21A	A00112	四环科技发展公司	P1005	CPU P4 1.5G	1350.00	1
OR-22A	A00112	四环科技发展公司	M0256	内存	400.00	4
OR-23B	B21001	爱心生物工程公司	P1001	CPU P4 1.4G	1020.00	7
OR-23B	B21001	爱心生物工程公司	S4911	声卡	400.00	2
OR-23B	B21001	爱心生物工程公司	D1101	3D显示卡	540.00	2
OR-23B	B21001	爱心生物工程公司	E0032	8盘(闪存)	290.00	5
OR-23B	B21001	爱心生物工程公司	M0256	内存	395.00	2
OR-31B	B20001	萨特高科技集团	P1005	CPU P4 1.5G	1320.00	2
OR-32C	C10001	三益贸易公司	P1001	CPU P4 1.4G	1030.00	5
OR-33A	A00112	四环科技发展公司	E0032	8盘(闪存)	295.00	2
OR-33A	A00112	四环科技发展公司	M0256	内存	405.00	6
OR-37B	B21001	爱心生物工程公司	D1101	3D显示卡	600.00	1
OR-41A	A00112	四环科技发展公司	M0256	内存	380.00	10
OR-41A	A00112	四环科技发展公司	P1001	CPU P4 1.4G	1100.00	4
OR-44C	C10001	三益贸易公司	S4911	声卡	385.00	2
OR-44C	C10001	三益贸易公司	E0032	8盘(闪存)	296.00	2
OR-44C	C10001	三益贸易公司	P1005	CPU P4 1.5G	1300.00	2

图 2-50 查询结果 14

客户号	订单号	订购日期	总金额
C10001	OR-12C	10/10/01	3210.00

图 2-51 查询结果 15

2.15 实验十五 SQL 语言（二）

SQL 语言包括数据查询语言，数据定义语言和数据操纵语言。其中数据定义语言对表结构进行定义、修改与删除操作，数据操纵语言是对表进行记录的插入、更新与删除操作。本实验用到"订货管理"数据库，在其管理下的数据库表如实验一中的图 2-7、图 2-8、图 2-9 所示。

【实验目的】

熟练掌握 SQL 的数据定义功能，包括创建表、修改表、设置有效性规则等操作。熟练掌握 SQL 的数据操纵功能，包括插入记录、更新记录和删除记录等操作。

【实验范例】

操作要点：

（1）设置系统默认路径（数据库表所在文件夹）。

（2）打开"订货管理"数据库。

（3）在命令窗口执行如下查询命令（命令不区分大小写）。

① 使用 SQL CREATE 命令，在"订货管理"数据库中建立"客户表.dbf"，表的基本结构为客户号 C（6）、客户名 C（16）、地址 C（20），并将"客户号"字段设为主索引。
```
CREATE TABLE 客户表(客户号 C(6) PRIMARY KEY NOT NULL,客户名 C(16),地址 C(20))
```
② 使用 SQL CREATE 命令，在"订货管理"数据库中建立"订购单表.dbf"，表的基本结构为客户号 C（6）、订单号 C（6）、订购日期 D，总金额 I，并将"订单号"字段设为主索引，将"客户号"字段设为普通索引，并和客户表建立永久关系。

```
CREATE TABLE 订购单表(客户号 C(6),订单号 C(6) PRIMARY KEY NOT NULL,订购日期 D,;
总金额 F(16,2), FOREIGN KEY 客户号 TAG 客户号 REFERENCES 客户表)
```

③ 使用 SQL ALTER 命令，在客户表中添加一个"电话 C（14）"字段。

```
ALTER TABLE 客户表 ADD 电话 C(14)
```

创建完客户表和订购单表的"订货管理"数据库中的情况如图 2-52 所示。

④ 使用 SQL ALTER 命令，为订购单表添加有效性规则，使"总金额"字段的值大于零，错误信息为"输入错误，总金额必须大于零！"。

```
ALTER TABLE 订购单表;
ALTER 总金额 SET CHECK 总金额>0 ERROR "输入错误，总金额必须大于零！"
```

设置的有效性规则如图 2-53 所示。

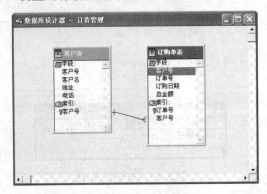

图 2-52　订货管理的数据库设计器

图 2-53　"表设计器-订购单表"窗口

⑤ 使用 SQL DROP 命令，删除"客户表.dbf"表文件。

```
DROP TABLE 客户表
```

⑥ 使用 SQL INSERT 命令，为客户表添加一条新记录，记录内容如表 2-7 所示。

表 2-7　"客户表"新添信息

客 户 号	客 户 名	地 址	电 话
C10006	北京新天地经贸有限公司	北京复兴门 8 号	010-87165888

```
INSERT INTO 客户表 VALUES("C10006","北京新天地经
贸有限公司","北京复兴门 8 号",;
"010-87165888")
```

⑦ 使用 SQL UPDATE 命令，将订购单表中订单号为"OR-01C"的订单的总金额上浮 10%。

```
UPDATE 订购单表 SET 总金额=总金额*1.1 WHERE 订单号
="OR-01C"
```

⑧ 使用 SQL DELETE 命令，从订购单表中删除订购日期在 2002 年 1 月 1 日（不含）之前的订单记录。

```
DELETE FROM 订购单表 WHERE 订购日期<{^2002/01/01}
```

2002 年 1 月 1 日之前的订单记录会被选上删除标记，如图 2-54 所示。

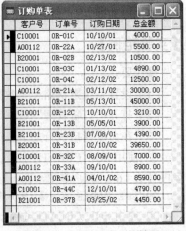

图 2-54　删除记录后的结果 1

【实验内容】

（1）使用 SQL CREATE 命令，在"订货管理"数据库中建立"订购单明细表.dbf"，表的基本结构为订单号 C（6）、器件号 C（6）、器件名 C（16）、单价 F（10，2）和数量 I（4）。

（2）使用 SQL ALTER 命令，在订购单明细表中添加一个"新单价 F（10，2）"字段。同时设置"新单价"字段的字段有效性规则，使"新单价"字段的值大于零，错误信息为"输入错误，新单价必须大于零!"。

（3）使用 SQL ALTER 命令，为订购单明细表中"单价"字段添加有效性规则，使"单价"字段的值大于零，错误信息为"输入错误，单价必须大于零!"。

（4）使用 SQL INSERT 命令，为订购单表添加一条新记录，记录内容如表 2-8 所示。

表 2-8 "订购单表"新添信息

客 户 号	订 单 号	订 购 日 期	总 金 额
C10006	OR-38B	12/10/02	4 600.00

（5）使用 SQL INSERT 命令，为订购单明细表添加两条新记录，记录内容如表 2-9 所示。

表 2-9 "订购明细表"新添信息

订 单 号	器 件 号	器 件 名	单 价	数 量
OR-38D	D1101	3D 显示卡	600.00	5
OR-38D	S4911	声卡	400.00	4

（6）使用 SQL UPDATE 命令，修改订购单明细表中"新单价"字段下的所有的值。新单价的值为单价值的 90%。

修改后的订购单明细表中的记录如图 2-55 所示。

订单号	器件号	器件名	单价	数量	新单价
OR-23B	P1001	CPU P4 1.4G	1020.00	7	918.00
OR-23B	S4911	声卡	400.00	2	360.00
OR-23B	D1101	3D显示卡	540.00	2	486.00
OR-23B	E0032	E盘 (闪存)	290.00	5	261.00
OR-23B	M0256	内存	395.00	5	355.50
OR-31B	P1005	CPU P4 1.5G	1320.00	2	1188.00
OR-32C	P1001	CPU P4 1.4G	1030.00	2	927.00
OR-33A	E0032	E盘 (闪存)	295.00	2	265.50
OR-33A	M0256	内存	405.00	6	364.50
OR-37B	D1101	3D显示卡	600.00	1	540.00
OR-41A	M0256	内存	380.00	10	342.00
OR-41A	P1001	CPU P4 1.4G	1100.00	4	990.00
OR-44C	S4911	声卡	385.00	3	346.50
OR-44C	E0032	E盘 (闪存)	296.00	2	266.40
OR-44C	P1005	CPU P4 1.5G	1300.00	2	1170.00
OR-38D	D1101	3D显示卡	600.00	5	540.00
OR-38D	S4911	声卡	400.00	4	360.00

图 2-55 修改记录后的结果 2

（7）使用 SQL DELETE 命令，从订购单明细表中删除所有器件号以"P"开头的记录。

（8）使用 SQL DELETE 命令，从订购单明细表中删除所有新单价在 300 元（含）以下的记录。

2.16　实验十六　查询设计器与视图设计器

【实验目的】

掌握利用查询设计器和视图设计器，从多个数据表中快速获取所需要数据的方法。

【实验范例】

具体要求：

（1）查找学生表所有女生的记录，显示所有字段。

（2）查找学生表入学成绩超过 600 分的男生记录，显示姓名，性别和入学成绩 3 个字段，按入学成绩降序排列。

（3）查找选了基础会计课程的学生记录，显示学号，姓名，课程名和成绩 4 个字段，按成绩降序排列，查询结果存放到临时表 LSB 中，并查看 LSB 的内容。

（4）查找每门课程的最高分，显示课程名和最高分两个字段。

操作要点（假设已打开"学生管理"数据库）：

（1）新建查询，设置"字段"和"筛选"选项卡，其中"筛选"选项卡按照图 2-56 所示设置。查询结果如图 2-57 所示。

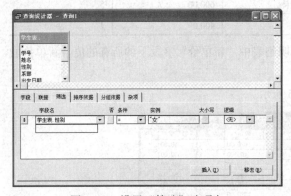

图 2-56　设置"筛选"选项卡　　　　图 2-57　查询结果（1）

（2）新建查询，设置"字段"、"筛选"和"排序依据"选项卡，其中"筛选"选项卡和"排序依据"选项卡按照图 2-58 所示设置。查询结果如图 2-59 所示。

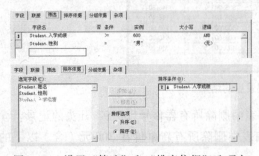
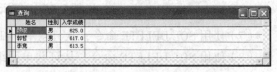

图 2-58　设置"筛选"和"排序依据"选项卡　　　图 2-59　查询结果（2）

（3）新建查询，添加学生表、成绩表和课程表，设置"字段"、"联接"、"筛选"和"排序依据"选项卡,其中"字段"选项卡和"筛选"选项卡按照图 2-60 所示设置。查询去向按照图 2-61 所示设置,将查询结果保存到临时表 LSB 中。

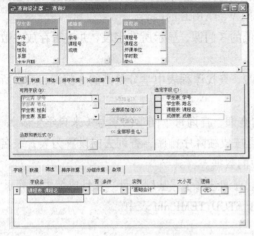

图 2-60 设置"字段"和"筛选"选项卡   图 2-61 将查询结果保存到 LSB 中

显示 LSB 临时表中的数据,如图 2-62 所示。

学号	姓名	课程名	成绩
20093503438	刘昕	基础会计	92
20093503437	颜俊	基础会计	87
20093502235	张舞	基础会计	63
20093501122	李一	基础会计	45

图 2-62 LSB 临时表中的显示结果

（4）新建一个查询,添加成绩表和课程表,设置"字段"、"联接"、和"分组依据"选项卡,其中"字段"选项卡和"分组依据"选项卡按照图 2-63 所示设置。查询结果如图 2-64 所示。

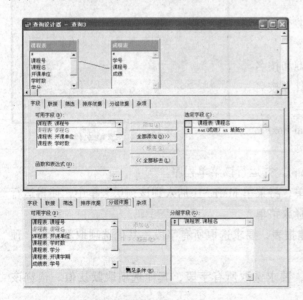

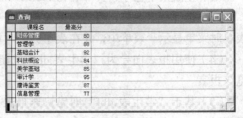

课程名	最高分
财务管理	80
管理学	88
基础会计	92
科技概论	84
美学基础	85
审计学	95
唐诗鉴赏	87
信息管理	77

图 2-63 设置"字段"和"分组依据"选项卡   图 2-64 查询结果（4）

【实验内容】

（1）查找选课门数最多的 3 个学生，显示学号，姓名和选课门数 3 个字段，按选课门数降序排列，查询结果存放到 NEW_TABLE 中，并查看 NEW_TABLE 的内容。

（2）创建一个视图 V1，查找课程表中学分最低的 3 门课，显示所有字段，并查看存放在数据库中的视图 V1 的内容。

（3）使用 CREATE VIEW 命令创建一个视图 V2，查找课程表中学分最高的 3 门课，显示所有字段。

（4）使用查询设计器设计一个名称为 TWO 的查询，查询每个同学的学号（来自学生表）、姓名、课程名和成绩。查询结果先按课程名升序、再按成绩降序排序，查询去向设置为表，表名是 TWO。设计完成后，运行该查询，显示表 TWO 中的数据。

（5）使用查询设计器建立查询文件 STUD.qpr。查询选修了"基础会计"并且成绩大于等于 70 的学生的姓名和年龄，查询结果按年龄升序存放于 STUD_TEMP.dbf 表中。

2.17　实验十七　菜单设计与报表设计

【实验目的】

掌握利用菜单设计器创建下拉式菜单，掌握利用报表设计器创建快速报表。

【实验范例】

具体要求：

（1）用菜单设计器创建一个下拉式菜单，文件名为 MMENU.mnx，如图 2-65 所示。

① 含有编辑浏览、查询、统计和退出 4 个一级菜单。

② 查询的级联菜单有两项：按日期查询和按名称查询；统计的级联菜单有两项：按日期统计和按名称统计。

③ 选择"退出"菜单命令即可返回 Visual FoxPro 主界面。

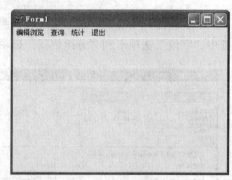

图 2-65　菜单文件

（2）生成菜单程序，文件名为 MMENU.mpr，并运行该菜单程序。

（3）设计一个表单，将其设置成顶层表单，将菜单 MMENU 加入到该顶层表单中，使得运行表单时菜单显示于表单中，并在表单关闭时释放菜单。

（4）使用报表向导为"学生表.dbf"创建报表，要求选取所有字段，其他选项取默认值。预览该报表。

（5）基于"学生表.dbf"创建快速报表，要求选取所有字段，其他选项取默认值。预览该报表。

（6）在快速报表中添加总结带区，在总结带区中添加一个标签，内容为"总平均成绩："；在总结带区中添加一个域控件，用于求出所有学生入学成绩的总平均分。预览该报表。如图 2-66 所示。

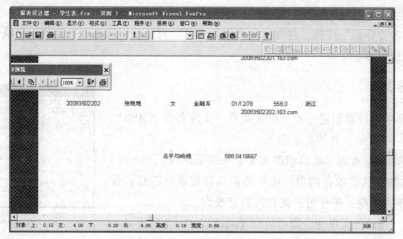

图 2-66　预览报表

操作要点：

（1）选择"文件"菜单下的"新建"命令，单击"新建文件"按钮，弹出"创建"对话框，输入项目文件名后，单击"保存"按钮，即可打开项目管理器，选择"其他"选项卡下的"菜单"选项，单击"新建"按钮，弹出"新建菜单"对话框，再单击"菜单"按钮即可打开菜单设计器。

（2）在菜单设计器中输入 4 个一级菜单项，并进行相应的设置。

（3）分别进行查询和统计的二级菜单项的设置。

（4）选择"菜单"下的"生成"命令，生成 MMENU.mpr 文件。

（5）在命令窗口中输入命令：DO MMENU.mpr。

（6）查看系统菜单，分别查看各个菜单项的功能。

（7）选择"文件"菜单下的"新建"命令，选择"表单"单选按钮，单击"新建文件"按钮，创建一个表单文件，保存为"菜单表单.scx"。

（8）设定表单的 ShowWindow 属性为"2-作为顶层表单"。

（9）打开 MMENU.mnx 文件，选择"显示"菜单下的"常规选项"命令，设定"顶层表单"，然后重新生成 MMENU.mpr。

（10）打开"菜单表单.scx"文件，在表单的 INIT 事件中输入命令：DO MMENU.MPR WITH THIS。

（11）运行表单。

（12）选择"文件"菜单下的"新建"命令，选择"报表"单选按钮，单击"向导"按钮，弹出"向导选取"对话框，在该对话框中选择"报表向导"选项，单击"确定"按钮，打开"报表向导"对话框。

（13）选取"学生表"选项，为学生表创建快速报表，选取所有字段，其他选项均选取默认值，依次单击"完成"按钮，弹出"另存为"对话框，单击"保存"按钮保存报表，存储为"学生表.frx"文件。

（14）打开"学生表.frx"文件，单击常用工具栏中的"预览"按钮，预览报表。

（15）关闭"预览"窗口，选择"报表"菜单，选择"标题/总结"命令，选择"总结带区"复选框，单击"确定"按钮。

（16）单击报表工具栏中"标签"按钮，再单击总结带区，输入文字"总平均成绩"。

（17）单击报表工具栏中"域控件"按钮，再单击总结带区，在弹出的"报表表达式"对话框中输入求学生总平均成绩的表达式。

（18）单击"计算"按钮，在弹出的"字段计算"对话框中选择"平均值"选项。

（19）预览报表。

【实验内容】

图 2-67 设计菜单

（1）用菜单设计器创建一个下拉式菜单，文件名为 NMENU.mnx。如图 2-67 所示，具体要求如下：

① 含有浏览、查询、汇总和退出 4 个一级菜单项。

② 汇总的级联菜单有两项：按年龄汇总和按籍贯汇总；查询的级联菜单有两项：按年龄查询和按籍贯查询。

③ 选择"退出"菜单命令即可返回 Visual FoxPro 主界面。

（2）生成菜单程序，文件名为 NMENU.mpr，并运行该菜单程序。

（3）设计一个表单，将其设置成顶层表单，将菜单 NMENU 加入到该顶层表单中，使得运行表单时菜单显示于表单中，并在表单关闭时释放菜单。

（4）使用报表向导为"课程表.dbf"创建报表，要求选取所有字段，其他选项取默认值。预览该报表。

（5）基于"课程表.dbf"创建快速报表，要求选取所有字段，其他选项取默认值。预览该报表。

（6）在快速报表中添加总结带区，在总结带区中添加一个标签，内容为"学分平均值："；在总结带区中添加一个域控件，用于求出所有课程的学分的平均值。预览该报表。

2.18 实验十八 小型数据库应用系统的设计与实现

【实验目的】

通过设计、实现一个小型数据库应用系统，把本课程所学的知识进行综合运用，加深对课程的理解与掌握，提高分析问题和解决问题的能力。

【实验范例】

设计、实现物资采购管理系统。实现以下基本要求：

1. 系统功能模块图

如图 2-68 所示。

2. 磁盘文件目录结构

分门别类存放应用系统的各类文件。在用户磁盘的根目录下建立 WZCG 文件

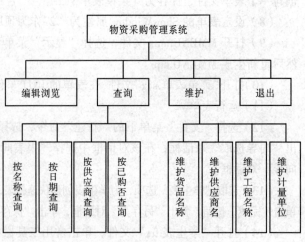

图 2-68 物资采购管理系统功能模块图

夹，在 WZCG 文件夹内创建 DATA、FORM、MENU、PROGS、VEX 等子文件夹，分别存放数据库、表文件；表单文件；菜单文件；程序文件；类文件。项目文件存放在 WZCG 文件夹中。

3. 项目管理器

创建项目文件"HPGL.pjx"，在项目管理器中所含各类文件的名称及其含义如表 2-10 所示。

表 2-10　各类文件名称及其含义

文 件 名	含　　义	文 件 名	含　　义
DGXT.dbc	订购系统数据库文件	DGXT.scx	搭建菜单的顶层表单
DG.dbf	存放货品采购信息的表文件	WHGC.scx	维护工程名称的表单
GCH.dbf	存放工程名称的表文件	WHGYS.scx	维护供应商名称的表单
GYS.dbf	存放供应商名称的表文件	WHJL.scx	维护计量单位的表单
JLDW.dbf	存放计量单位的表文件	WHMC.scx	维护货品名称的表单
MCH.dbf	存放货品名称的表文件	BJ.vcx	实现表单编辑浏览功能的自定义类
BJ.scx	编辑浏览表单	MAIN.prg	启动系统的主程序文件
CXGJS.scx	按供应商查询表单	CLEANUP.prg	关闭系统的程序文件
CXMC.scx	按货品名称查询表单	CD.mnx	可运行于顶层表单的菜单文件
CXRQ.scx	按日期查询表单	CONFIG.fpw	配置文件
CXYGF.scx	按已购否查询表单		

其中 DG 数据表是主要处理的表格，其余 4 个表都是为了便于维护而设计的。

4. 自定义类的设计与实现

由于多个表单都用到类似的实现编辑浏览功能的命令按钮组，所以设计两个自定义类用来生成所需的命令组对象。一个 BJP 类，另一个 BJT 类。以 BJP 类为例进行说明，新建类时，输入该类名称为 BJP，派生于 COMMANDGROUP，存储于 VCX 子文件夹中的 BJ.vcx 文件中，如图 2-69 所示。

在类设计器窗口中调整窗口为适宜大小，更改 ButtonCount 属性值为 6，调整各个按钮的位置，更改 Caption 属性，结果如图 2-70 所示。

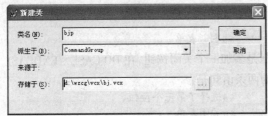
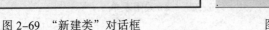

图 2-69　"新建类"对话框
图 2-70　自定义类设计器窗口

双击类设计器空白处（不要双击某个按钮），在打开的代码编辑窗口中输入 Click 代码。

```
Do Case
 Case This.Value=1                    &&选择了第一个按钮
  Go Top                              &&记录指针指向第一个记录
  This.Command3.Enabled=.t.           &&将"下一个"按钮设置为可用
 Case This.Value=2                    &&选择了第二个按钮
  Skip -1                             &&记录指针指向前一个记录
```

```
     This.Command3.Enabled=.t.              &&将"下一个"按钮设置为可用
      If  Bof( )                            &&如果指针指向了起始标记
        Go  Top                             &&记录指针指向第一个记录
        This.Command2.Enabled=.f.           &&将"上一个"按钮设置为不可用
      Endif
    Case This.Value=3                       &&选择了第三个按钮
      Skip                                  &&记录指针指向下一个记录
      This.Command2.Enabled=.t.             &&将"上一个"按钮设置为可用
      If  Eof( )                            &&如果指针指向了结束标记
        Go  Bottom                          &&记录指针指向最后一个记录
        This.Command3.Enabled=.f.           &&将"下一个"按钮设置为不可用
      Endif
    Case This.Value=4                       &&选择了第四个按钮
      Go Bottom                             &&记录指针指向最后一个记录
      This.Command2.Enabled=.t.             &&将"上一个"按钮设置为可用
    Case This.Value=5                       &&选择了第五个按钮
      Append Blank                          &&在表尾追加一个空记录
    Case This.Value=6                       &&选择了第六个按钮
      Dele                                  &&为当前记录打上删除标记
      R=recno()                             &&将当前记录的记录号赋值给变量R
      TR=reccount()                         &&将数据表的记录总数赋值给变量TR
      if messagebox('确定删除吗?',4+32+0)=6  &&如果确定要删除
      pack                                  &&物理删除打上删除标记的记录
      if R=TR                               &&如果当前记录是最后一个记录
         go R-1                             &&记录指针指向倒数第二条记录
      else
         go R                               &&记录指针指向当前记录
      endif
      else
      recall                                &&恢复记录,即去掉删除标记
      endif
  Endcase
  Thisform.Refresh                          &&刷新表单
```

最后保存文件。BJT 类的设计与 BJP 类的类似,只是多加一个关闭按钮,在 DO CASE...ENDCASE 结构最后的 ENDCASE 前增加两条语句即可。增加的两条语句是:

```
Case This.Value=7                          &&选择了第七个按钮
  Thisform.release                         &&关闭表单
```

5. 数据库与数据表

数据库 DGXT 中含有 5 个数据表,DG 表结构设计如表 2-11 所示。

表 2-11　DG.dbf 表结构设计

字　段　名	字　段　类　型	长　　度	是否索引
日期	日期型	8	降序
名称	字符型	20	升序
计量单位	字符型	8	无

续表

字　段　名	字 段 类 型	长　　度	是否索引
数量	数值型	4	无
单价	数值型	10.2	无
金额	数值型	10.2	无
已付金额	数值型	10.2	无
欠款	数值型	10.2	无
工程	字符型	10	无
已购否	逻辑型	1	升序
供应商	字符型	20	无
是否到货	逻辑型	1	无
尺寸说明	字符型	18	无

其余 4 个表，每个表中都只有 DG 表中的一个字段。GCH 表中是工程字段，GYS 表中是供应商字段，JLDW 表中是计量单位字段，MCH 表中是名称字段。

6. 表单设计与实现

以 DGXT.scx、BJ.scx、CXMC.scx 和 WHMC.scx 四个表单为例进行介绍。

（1）系统主界面 DGXT.scx 的设计与实现。系统主界面如图 2-71 所示。

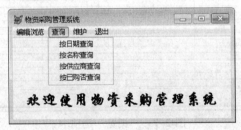

图 2-71　系统主界面

主要属性设置如表 2-12 所示。

表 2-12　主界面表单主要属性设置

属　　性	属 性 值	属　　性	属 性 值
AutoCenter	.T.	ShowWindow	2-作为顶层表单
Caption	物资采购管理系统	Width	937
Height	574		

 注 意

选择 "工具" 菜单下的 "选项" 命令，打开 "选项" 对话框，在 "表单" 选项卡中单击 "最大设计区" 下三角按钮，选择 "1 024×768" 选项。

（2）编辑浏览界面 BJ.scx 的设计与实现。

编辑浏览界面主要是一个页框，其中的两个选项卡如图 2-72 和图 2-73 所示。

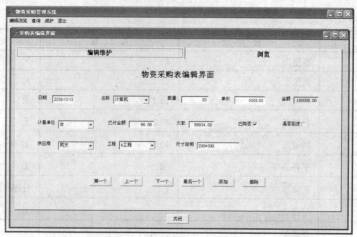

图 2-72 "编辑维护"选项卡

图 2-73 "浏览"选项卡

编辑浏览界面的主要属性按照表 2-13 设置。

表 2-13 编辑界面表单的主要属性

对 象 名	属 性 名	属 性 值
Form1	AutoCenter	.T.
	Caption	采购表编辑界面
	Height	506
	ShowWindow	1-在顶层表单中使用
	Width	915
Pageframe1	Height	440
	Left	12
	PageCount	2
	Top	21
	Width	888

操作要点：

① 打开数据环境设计器（右击表单空白处，选择"数据环境"选项），把数据库中的 5 个数据表全部添加进去，依次选定每个表，在属性窗口中设置这 5 个表的 Exclusive 属性值均为.T.（以独占方式打开）。

② 添加一个页框控件，按表 2-13 设置属性。将 Page1 选定，在数据环境设计器中逐个拖动 DG 表中的字段到 Page1 页中，这样可以自动完成各个控件的 ControlSource 属性设置。将名称、计量单位、供应商和工程 4 个控件删除换成 4 个组合框，以名称的组合框 Combo1 为例进行说明，其余 3 个与之类似。组合框 Combo1 的主要属性按照表 2-14 设置。

表 2-14　名称组合框 Combo1 的主要属性设置

属　　　　　性	属　性　值
ControlSource	dg.名称
RowSource	mch.名称
RowSource Type	6-字段

名称组合框的数据源来自于 MCH 表中的名称字段值。

在表单控件工具栏中单击"查看类".按钮，选择"添加"选项，在打开的对话框中查找到 BJ.vcx，单击"打开"按钮，此时表单控件工具栏中 BJ 类的按钮将取代"常用"类按钮。使用 BJP 类生成命令按钮组。

③ 将 Page2 选定，在数据环境设计器中单击 DG 表的标题并将其拖动到 Page2 页中，生成表格控件。

（3）查询界面 CXMC.scx 的设计与实现。

以按货品名称查询为例，查询界面中的"编辑维护"选项卡如图 2-74 所示。

其中，"查找"按钮的 Name 属性值是 COMMAND3，"上一个"按钮的 Name 属性值是 COMMAND1，"下一个"按钮的 Name 属性值是 COMMAND4，"删除"按钮的 Name 属性值是 COMMAND5。容器的 Name 属性值是 Container1，初始 Visible 属性值为.F.，即该容器不可见，直至查找到记录后再显示，容器中包含的字段控件的 ControlSource 属性值初始都为空。

运行后，查询界面中的"编辑维护"选项卡如图 2-75 所示。

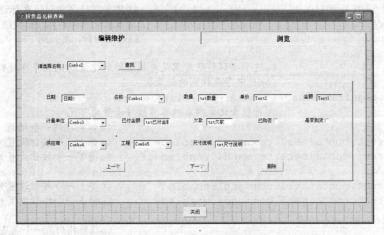

图 2-74　查询界面中的"编辑维护"选项卡

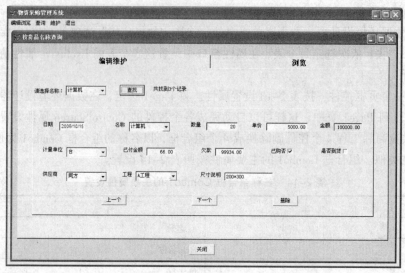

图 2-75 运行后的查询界面中的"编辑维护"选项卡

在这个查询表单中，数据环境也要添加 5 个表。依次选定每个表，在属性窗口中设置这 5 个表的 Exclusive 属性值均为.T.（以独占方式打开）。

表单的 Load 事件代码为：

```
public rn(100),n,nt,keywords          &&定义全局数组和变量
```

表单的 Unload 事件代码为：

```
release rn,nt,n,keywords              &&释放全局变量
use
```

"查找"命令按钮的 Click 代码为：

```
keywords=alltrim(this.parent.combo2.value) &&将组合框中的名称去掉开头
                                            &&和结尾的空格赋值给 keywords
sele dg                                     &&选择 dg 表为当前数据表
loca for keywords$dg.名称                    &&查找指定的货品名称，将指针定位
                                            &&到第一个满足条件的记录上
if found()                                  &&如果找到了
 i=1
 do while not eof()                         &&只要指针没指到结束标记就循环
  rn(i)=recno()                             &&当前记录号存入 rn 数组
  continue                                  &&移动指针，定位到下一个满足条件的记录
  i=i+1
 enddo                  &&这个循环将所有满足查找条件的记录的记录号存放到 rn 数组中
 nt=i-1                 &&nt 中存放找到的记录数
 thisform.pageframe1.page1.container1.visible=.t.
                        &&将包含记录内容的容器控件设置为可见
 if nt=1                                    &&如果找到一个记录
  this.parent.container1.command1.enabled=.f. &&将上一个按钮设置为不可用
  this.parent.container1.command4.enabled=.f. &&将下一个按钮设置为不可用
 else
  this.parent.container1.command1.enabled=.t. &&将上一个按钮设置为可用
  this.parent.container1.command4.enabled=.t. &&将下一个按钮设置为可用
 endif
 go rn(1)                                   &&指针指向第一个满足条件的记录
 this.parent.container1.combo1.controlsource='dg.名称'
```

```
this.parent.container1.日期1.controlsource='dg.日期'
this.parent.container1.txt数量.controlsource='dg.数量'
this.parent.container1.text2.controlsource='dg.单价'
this.parent.container1.text1.controlsource='dg.金额'
this.parent.container1.check1.controlsource='dg.是否到货'
this.parent.container1.check2.controlsource='dg.已购否'
this.parent.container1.combo3.controlsource='dg.计量单位'
this.parent.container1.combo4.controlsource='dg.供应商'
this.parent.container1.combo5.controlsource='dg.工程'
this.parent.container1.txt已付金额.controlsource='dg.已付金额'
this.parent.container1.txt欠款.controlsource='dg.欠款'
this.parent.container1.txt尺寸说明.controlsource='dg.尺寸说明'
                              &&以上为各个控件设置对应的controlsource属性
thisform.refresh                         &&刷新表单
this.parent.label2.caption='共找到'+alltrim(str(nt))+'个记录'
                                         &&显示找到的记录数
n=1             &&用于上一个、下一个按钮的Click代码，rn(n)表示找到的记录的记录号
else
messagebox("没有找到匹配的题目！",48)              &&信息窗提示没找到
thisform.pageframe1.page1.container1.visible=.f. &&将包含记录内容的容器
                                         &&控件设置为不可见
 thisform.refresh                        &&刷新表单
this.parent.combo2.setfocus      &&将焦点设置到"请选择名称"处，准备下一次查找
this.parent.label2.caption=''            &&标签控件内容置空
endif
```

"上一个"按钮的 Click 代码为：
```
n=n-1                          &&全局数组 rn(n) 存放满足查询条件的记录号
if n=0
messagebox('已经是满足条件的第一个记录了',48)
 this.enabled=.f.
 n=n+1
else
 go rn(n)
 this.parent.command4.enabled=.t.
 thisform.refresh
endif
```

"下一个"按钮的 Click 代码为：
```
n=n+1                          &&全局数组 rn(n) 存放满足查询条件的记录号
if n>nt                        &&nt 是满足查询条件的记录总数
messagebox('已经是满足条件的最后一个记录了',48)
 this.enabled=.f.
 n=n-1
else
 go rn(n)
 this.parent.command1.enabled=.t.
 thisform.refresh
endif
```

"删除"按钮的 Click 代码为：
```
dele
if messagebox( '确定删除吗?',4+32+0)=6
    pack
    go top                     &&物理删除后，记录指针指向首记录
    this.parent.label2.caption=''
    this.parent.combo2.setfocus
```

```
    thisform.refresh
else
    recall
endif
```

在"浏览"选项卡（PAGE2）中添加一个表格控件（GRID1），用于显示所有查找到底记录，其 RecordSourceType 属性值设置为"4-SQL 说明"，表示表格显示的内容来自 SQL 查询结果。

"浏览"选项卡（PAGE2）的 Activate 事件代码为：

```
this.grid1.recordsource='sele * from .\data\dg;
where 名称=keywords order by 已购否 into cursor lsb '
```

（4）维护界面 WHMC.scx 的设计与实现。

以维护货品名称为例，其他维护界面与之类似。维护货品名称界面如图 2-76 所示。

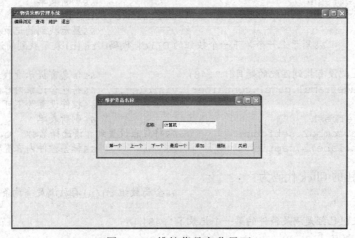

图 2-76　维护货品名称界面

操作要点：

① 打开数据环境设计器，把数据库中的 MCH 数据表添加进去，在属性窗口中设置 Exclusive 属性值为.T.（以独占方式打开）。

② 名称文本框的 ControlSource 属性设置为 MCH.名称，与 MCH 表的名称字段连接起来。

③ 用 BJT 类生成命令组。

7. 程序设计与实现

系统用到两个程序，一个是启动系统的主程序 MAIN.prg，另一个是关闭系统的 CLEANUP.prg。

（1）MAIN.prg 代码如下：

```
SET DEFAULT TO \WZCG          &&设置默认目录
SET PATH TO \WZCG\DATA        &&设置搜索路径
SET DATE TO YMD               &&设置日期格式为年月日
CLEAR WINDOWS                 &&初始化关闭所有窗口
CLEAR ALL                     &&初始化清空内存
DO FORM .\FORM\DGXT.SCX       &&运行表单文件 DGXT
READ EVENTS                   &&建立事件循环
```

（2）CLEANUP.prg 代码如下

```
CLOSE ALL
CLEAR ALL
CLEAR EVENT
```

8. 编译

在项目管理器的其他选项卡中创建一个文本文件，名字为 CONFIG.fpw，内容只有一行代码：SCREEN=OFF，这个文件可以保证连编后运行的时候去掉多余显示的窗口。在项目管理器的"代码"选项卡中右击 MAIN 并选择"设置主文件"选项，将 MAIN.prg 设置为主文件，然后单击"连编"按钮打开"连编选项"对话框，选择"连编可执行文件"单选按钮，单击"确定"按钮后即可选择可执行文件的保存位置，将其存放到 WZCG 文件夹中。连编后就可以直接在 Windows 操作系统中双击生成的可执行文件运行系统，而不必再运行 Visual FoxPro 了。

9. MESSAGEBOX()函数

（1）一般格式：

MESSAGEBOX("提示信息",按钮和图标,"标题栏名")

（2）功能：创建一个信息对话框，并根据用户的选择返回一个数值。其中 1、2 分别表示单击了确定或取消按钮；6、7 分别表示单击了是或否按钮。

（3）说明：MESSAGEBOX()函数的第二个参数用来表示对话框中出现的按钮和图标，有一组数值控制，写成数值 1+数值 2+数值 3 的形式，数值 1、数值 2、数值 3 的部分取值及含义如表 2-15 所示。

表 2-15　MESSAGEBOX()函数第二个参数的取值及含义

数值 1	代表的按钮	数值 2	代表的按钮
0	仅有"确定"按钮	48	惊叹号
1	"确定"、"取消"按钮	64	信息图标
2	"放弃"、"重试"、"忽略"按钮	数值 3	默认按钮
3	"是"、"否"、"取消"按钮	0	第一个
4	"是"、"否"按钮	256	第二个
数值 2	代表的图标	512	第三个
32	问号		

【实验内容】

设计一个小型数据库应用系统，实现以下基本要求：

1. 主菜单

可以是菜单，也可以是顶层表单的菜单。

2. 基本功能模块

（1）录入编辑数据：表单实现基本编辑功能，可以逐条查看数据表中不同记录、添加记录、删除记录。

（2）查询数据：表单实现基本查询功能，查询结果可以是浏览窗口，也可以是表格控件。

（3）统计数据：表单实现基本统计功能。

（4）退出。

3. 开发工具

中文 Visual FoxPro 6.0 或以上版本。使用项目管理器组织开发应用管理系统。

3.1 单 选 题

1. （　　　）是面向对象程序设计中程序运行的最基本实体。
   A. 类　　　　　　　　B. 对象　　　　　　　　C. 方法　　　　　　　　D. 函数

2. "项目管理器"的"数据"选项卡用于显示和管理（　　　）。
   A. 数据库、自由表和查询　　　　　　　　B. 数据库、视图和查询
   C. 数据库、自由表、查询和视图　　　　　　D. 数据库、表单和查询

3. "项目管理器"的"文档"选项卡用于显示和管理（　　　）。
   A. 表单、报表和查询　　　　　　　　B. 数据库、表单和报表
   C. 查询、报表和视图　　　　　　　　D. 表单、报表和标签

4. 1 个工作区可以打开的数据表文件数为（　　　）。
   A. 1　　　　　　　　B. 2　　　　　　　　C. 10　　　　　　　　D. 15

5. 6E-3 是一个 （　　　）。
   A. 内存变量　　　　B. 字符常量　　　　C. 数值常量　　　　D. 非法表达式

6. 8E+9 是一个（　　　）。
   A. 内存变量　　　　B. 字符常量　　　　C. 数值常量　　　　D. 非法表达式

7. ASC("AB")值为（　　　）。
   A. 131　　　　　　　　B. 0　　　　　　　　C. 65　　　　　　　　D. 66

8. AT("XY","AXYBXYC")的值为（　　　）。
   A. 0　　　　　　　　B. 2　　　　　　　　C. 5　　　　　　　　D. 7

9. CEILING(8.8)的函数值为（　　　）。
   A. 8　　　　　　　　B. -8　　　　　　　　C. 9　　　　　　　　D. -9

10. Click 事件在（　　　）时引发。
    A. 用鼠标单击对象　　　　　　　　B. 用鼠标双击对象
    C. 表单对象建立之前　　　　　　　　D. 用鼠标右击对象

11. DBMS 指的是（　　　）。
    A. 数据库管理系统　　B. 数据库系统　　C. 数据库应用系统　　D. 数据库服务系统

12. LOOP 和 EXIT 是下面程序结构的任选子句（　　　）。
    A. PROCEDURE　　　　　　　　B. DO WHILE…ENDDO
    C. IF…ENDIF　　　　　　　　D. DO CASE…ENDCASE

13. SET ESCAPE OFF 的作用是（　　　）。
 A. 使【Esc】键生效 　　　　　　　　　　B. 使【Esc】键失效
 C. 打开人机交互开关 　　　　　　　　　　D. 关闭人机交互开关

14. This 是对（　　　）的引用。
 A. 当前对象 　　　　B. 当前表单 　　　　C. 任意对象 　　　　D. 任意表单

15. Visual FoxPro 在进行字符型数据的比较时，有两种比较方式，系统默认的是（　　　）比较方式。
 A. 完全比较 　　　　B. 精确比较 　　　　C. 不能比较 　　　　D. 模糊比较

16. Visual FoxPro 不支持的数据类型有（　　　）。
 A. 字符型 　　　　B. 货币型 　　　　C. 备注型 　　　　D. 常量型

17. Visual FoxPro 的表达式中不仅允许有常量、变量，还允许有（　　　）。
 A. 过程 　　　　B. 函数 　　　　C. 子程序 　　　　D. 主程序

18. Visual FoxPro 的主界面包括（　　　）。
 A. 标题栏和菜单 　　B. 工具栏和状态栏 　　C. 命令窗口 　　D. 以上全部

19. Visual FoxPro 关系数据库管理系统能够实现的 3 种基本关系运算是（　　　）。
 A. 选择、投影、联接 　B. 索引、排序、查找 　C. 选择、索引、联系 　D. 差、交、并

20. Visual FoxPro 是一种（　　　）。
 A. 数据库管理系统 　　B. 数据库 　　　　C. 文件管理系统 　　D. 语言处理程序

21. Visual FoxPro 是一种关系数据库管理系统，所谓关系是指（　　　）。
 A. 表中各记录间的关系 　　　　　　　　　B. 表中各字段间的关系
 C. 数据模型符合满足一定条件的二维表格式 　　　D. 一个表与另一个表间的关系

22. Visual FoxPro 在创建数据库时建立了扩展名分别为（　　　）的文件。
 A. .dbc 　　　　B. .dct 　　　　C. .dcx 　　　　D. A、B、C

23. Visual FoxPro 支持（　　　）两种工作方式。
 A. 命令方式和菜单工作方式 　　　　　　　B. 交互操作方式和程序执行方式
 C. 命令方式和程序执行方式 　　　　　　　D. 交互操作方式和菜单工作方式

24. 变量名中不能包括（　　　）。
 A. 数字 　　　　B. 字母 　　　　C. 汉字 　　　　D. 空格

25. 标签的前景属性是指（　　　）。
 A. Backcolor 　　　　B. FontBold 　　　　C. Forecolor 　　　　D. FontName

26. 表达式 3*4^2-5/10+2^3 的值为（　　　）。
 A. 55 　　　　B. 55.5 　　　　C. 65.5 　　　　D. 0

27. 表达式 ASC("APPEND")的值是（　　　）。
 A. 128 　　　　B. 127 　　　　C. 65 　　　　D. A

28. 表达式 CTOD("12/27/65")-4 的值是（　　　）。
 A. 8/27/65 　　　　B. 12/23/65 　　　　C. 12/27/61 　　　　D. 出错

29. 表达式 VAL(SUBS("本年第 2 期",7,1))*LEN("他我")的结果是（　　　）。
 A. 0 　　　　B. 2 　　　　C. 10 　　　　D. 8

30. 不可以作为文本框控件数据来源的是（　　　）。
 A. 数值型字段 　　B. 内存变量 　　　　C. 字符型字段 　　D. 备注型字段

31. 存储一个日期时间型数据需要（　　）个字节。
    A. 1　　　　　　　B. 4　　　　　　　C. 8　　　　　　　D. 10

32. 打开 Visual FoxPro "项目管理器" 的 "文档" 选项卡，其中包括（　　）。
    A. 表单文件　　　B. 报表文件　　　C. 标签文件　　　D. 以上 3 种文件

33. 当前表中有 4 个数值型字段：高等数学、英语、计算机网络和总分。其中高等数学、英语、计算机网络的成绩均已录入，总分字段为空，要将所有学生的总分自动计算出来并填入总分字段中，使用命令（　　）。
    A. REPL 总分 WITH 高等数学+英语+计算机网络
    B. REPL 总分 WITH 高等数学,英语,计算机网络
    C. REPL 总分 WITH 高等数学+英语+计算机网络 ALL
    D. REPL 总分 WITH 高等数学+英语+计算机网络 FOR ALL

34. 对列表框的内容进行一次新的选择，将发生（　　）事件。
    A. Click　　　　B. When　　　C. InteractiveChange　　D. GotFocus

35. 对象的（　　）是指对象可以执行的动作或它的行为。
    A. 方法　　　　　B. 属性　　　　　C. 事件　　　　　D. 控件

36. 对象的鼠标移动事件名为（　　）。
    A. MouseUp　　　B. MouseMove　　C. MouseDown　　D. Click

37. 对象和类的关系是（　　）。
    A. 对象是类的实例　　　　　　　　B. 类是对象的实例
    C. 对象和类是不相关的两个概念　　D. 对象和类是同一个概念

38. 对于表单及控件的绝大多数属性，其数据类型通常是固定的，如 Caption 属性接收（　　）。
    A. 数值型数据　　B. 字符型数据　　C. 逻辑型数据　　D. 任意数据类型

39. 对于文本框控件来说，指定在一个文本框中显示表中数据的属性的是（　　）。
    A. ControlSource　B. PasswordChar　C. InputMask　　D. Value

40. 关于 "?" 和 "??"，下列说法中错误的是（　　）。
    A. ?和??只能输出多个同类型的表达式的值
    B. ?从当前光标所在行的下一行第 0 列开始显示
    C. ??从当前光标处开始显示
    D. ?和??后可以没有表达式

41. 关于 FoxPro 中的运算符的优先级，下列选项中不正确的是（　　）。
    A. 算术运算符的优先级高于其他类型运算符
    B. 字符串运算符 "+" 和 "–" 优先级相等
    C. 逻辑运算符的优先级高于关系运算符
    D. 所有关系运算符的优先级都相等

42. 关于 Visual FoxPro 数组的说法中，错误的是（　　）。
    A. 数组的赋值只能通过 STORE 命令实现
    B. 数组在定义之后，能进行重新赋值
    C. 数组是一组具有相同名称不同下标的内存变量
    D. 在定义数组时，数组的大小可以包含在一对中括号中，也可以包含在一对小括号中

43. 函数?AT("万般皆下品","唯有读书高")的运行结果是（　　　　）。
    A. 15　　　　　　B. 10　　　　　　C. 5　　　　　　D. 0

44. 函数?INT(53.76362)的结果是（　　　　）。
    A. 53.7　　　　　B. 53.77　　　　　C. 53　　　　　D. 53.76362

45. 函数 INT(数值表达式)的功能是（　　　　）。
    A. 按四舍五入取数值表达式值的整数部分　　B. 返回数值表达式值的整数部分
    C. 返回不大于数值表达式值的最大整数　　　D. 返回不小于数值表达式值的最小整数

46. 函数 LEN("Yangzhou University")的值为（　　　　）。
    A. 18　　　　　　B. 19　　　　　　C. 20　　　　　D. 21

47. 函数 LEN(ALLTRIM("Made in China"))的值为（　　　　）。
    A. 11　　　　　　B. 13　　　　　　C. 15　　　　　D. 17

48. 计时器控件的主要属性是（　　　　）。
    A. Enabled　　　　B. Caption　　　　C. Interval　　　　D. Value

49. 假定 X 为 N 型变量，Y 为 C 型变量，则下列选项中符合 Visual FoxPro 语法要求的表达式是（　　　　）。
    A. NOT.X>=Y　　B. Y˅2>10　　　　C. X.001　　　　D. STR(X)–Y

50. 结果为逻辑真的表达式是（　　　　）。
    A. "ABC"$"ACB"　　　　　　　　　　B. "ABC"$"GFABHGC"
    C. "ABCGHJ"$"ABC"　　　　　　　　D. "ABC"$"HJJABCJKJ"

51. 决定微调控件最大值的属性是（　　　　）。
    A. SpinnerHighValue　　B. Value　　　C. KeyboardLowValue　　D. Interval

52. 可以链接或嵌入 OLE 对象的字段类型是（　　　　）。
    A. 备注型字段　　B. 通用型和备注型字段　C. 通用型字段　　D. 任何类型的字段

53. 扩展名为.dbc 的文件表示（　　　　）。
    A. 表文件　　　　B. 备份文件　　　　C. 数据库文件　　　D. 项目文件

54. 两个日期型数据相减后，得到的结果为（　　　　）型数据。
    A. C　　　　　　B. N　　　　　　C. D　　　　　　D. L

55. 逻辑型数据的取值不能是（　　　　）。
    A. .T.或.F.　　　B. .Y.或.N.　　　C. .T.或.F.或.Y.或.N.　　D. T 或 F

56. 描述控件文字的粗体、斜体、下画线、删除线样式的属性分别是（　　　　）。
    A. FontBold，FontItalic，FontUnderLine，FontStrikeThru
    B. FontItalic，FontUnderLine，FontBold，FontStrikeThru
    C. FontUnderLine，FontBold，FontItalic，FontStrikeThru
    D. FontStrikeThru，FontBold，FontItalic，FontUnderLine

57. 某数值型字段的宽度为 6，小数位为 2，则该字段所能存放的最小数值是（　　　　）。
    A. 0　　　　　　B. –999.99　　　　C. –99.99　　　　D. –9999.99

58. 日期型常量的定界符是（　　　　）。
    A. 单引号　　　　B. 花括号　　　　C. 方括号　　　　D. 双引号

59. 如果要改变一个关系中属性的排列顺序，应使用的关系运算是（　　　　）。
    A. 重建　　　　　B. 选择　　　　　C. 投影　　　　　D. 联接

60. 如果要在当前表中新增一个字段，应使用（　　　）命令。
    A. MODI STRU　　　　B. APPEND　　　　C. INSERT　　　　D. EDIT

61. 如果要在列表框中一次选择多个项（行），必须设置（　　　）属性为.T.。
    A. MultiSelect　　　B. ListItem　　　C. Control Source　　　D. Enabled

62. 如果要在屏幕上直接看到查询结果，"查询去向"应选择（　　　）。
    A. 屏幕　　　　B. 浏览　　　　C. 浏览或屏幕　　　　D. 临时表

63. 如果在一个运算表达式中包含有逻辑运算、关系运算和算术运算，并且其中未用圆括号规定这些运算的先后顺序，那么这样的综合型表达式的运算顺序是（　　　）。
    A. 逻辑→算术→关系　　B. 关系→逻辑→算术　　C. 算术→逻辑→关系　　D. 算术→关系→逻辑

64. 若想选中表单中的多个控件对象，可在按【（　　　）】键的同时再单击想选中的控件对象。
    A. Shift　　　　B. Ctrl　　　　C. Alt　　　　D. Tab

65. 若要使 Command1 上显示"确定"两字，应将其（　　　）属性设为"确定"。
    A. Name　　　　B. Caption　　　　C. FontName　　　　D. Forecolor

66. 设 a="Yang□"，b="zhou"，□表示一个空格，则 a-b 的值为（　　　）。
    A. "Yangzhou□"　　B. "Yang□zhou"　　C. "□Yangzhou"　　D. "Yangzhou"

67. 设 D1 和 D2 为日期型数据，M 为整数，不能进行的运算是（　　　）。
    A. D1+D2　　　　B. D1−D2　　　　C. D1+M　　　　D. D2−M

68. 设 N=886，M=345，K="M+N"，表达式 1+&K 的值是（　　　）。
    A. 1232　　　　B. 数据类型不匹配　　　C. 1+M+N　　　　D. 346

69. 设 R=2，A="3*R*R"，则&A 的值应为（　　　）。
    A. 0　　　　B. 不存在　　　　C. 12　　　　D. −12

70. 设 X="ABC"，Y="ABCD"，则下列表达式中值为.T.的是（　　　）。
    A. X=Y　　　　B. X==Y　　　　C. X$Y　　　　D. AT(X,Y)=0

71. 设表单中某选项按钮组包含 3 个选项按钮，现在要求让第二个选项按钮失去作用，应设置（　　　）的 Enabled 属性值为.F.。
    A. 选项按钮组　　B. 任一选项按钮　　C. 第二个选项按钮　　D. 所有选项按钮

72. 设已用命令 DIMENSION M(10)定义了一个数组，若要对其中的每一个元素赋初值为 0，则可以使用的命令是（　　　）。
    A. M(10)=0　　　　　　　　　　B. M(1)=0
    C. STORE 0 TO M　　　　　　　D. STORE 0 TO M(10)

73. 设有变量 pi=3.1415926，执行命令?ROUND(pi,3)的显示结果为（　　　）。
    A. 3.141　　　　B. 3.142　　　　C. 3.140　　　　D. 3.000

74. 设有变量 sr="2000 年上半年全国计算机等级考试"，能够显示"2000 年上半年计算机等级考试"的命令是（　　　）。
    A. ?sr"全国"　　　　　　　　　　B. ?SUBSTR(sr,1,8)+SUBSTR(sr,11,17)
    C. ?STR(sr,1,12)+STR(sr,17,14)　　D. ?SUBSTR(sr,1,12)+SUBSTR(sr,17,14)

75. 设置表单的宽度利用（　　　）属性。
    A. Left　　　　B. Top　　　　C. Height　　　　D. Width

76. 设置字段级规则时，"字段有效性"框的"规则"和"信息"框中分别应输入（　　）表达式。

   A. 字符串、逻辑　　　　　　　　　　　　　B. 逻辑、字符串

   C. 逻辑、由字段决定　　　　　　　　　　　D. 由输入的字段决定、逻辑

77. 使用"??"命令输出结果时，光标会（　　）。

   A. 换行　　　　　　　B. 不换行　　　　　　C. 丢失　　　　　　D. 改变形状

78. 使用"?"命令时，换行是在显示输出结果（　　）。

   A. 之前　　　　　　　B. 之后　　　　　　　C. 前二行　　　　　D. 后二行

79. 使用数据库技术进行人事档案管理是属于计算机的（　　）。

   A. 科学计算应用　　　B. 过程控制应用　　　C. 数据处理应用　　D. 辅助工程应用

80. 数据绑定型控件的数据源值被选择或修改后的结果，将动态反馈到该控件的（　　）属性中。

   A. Text　　　　　　　B. Value　　　　　　 C. RecordSource　　D. Control

81. 数据库（DB）、数据库系统（DBS）、数据库管理系统（DBMS）三者之关系是（　　）。

   A. DB 包含 DBS 和 DBMS　　　　　　　　　B. DBS 包含 DB 和 DBMS

   C. DBMS 包含 DBS 和 DB　　　　　　　　　D. 三者同级，没有包含关系

82. 下列 4 个表达式中，其值为"数据库系统"的是（　　）。

   A. "数据库"+"系统　"　　　　　　　　　　B. "　数据库"+"系统"

   C. "数据库"–"系统"　　　　　　　　　　　D. "　数据库"–"系统"

83. 下列 4 个表达式中，运算结果为数值的是（　　）。

   A. "9988"–"1255"　　　　　　　　　　　　B. 200+800=1000

   C. CTOD([11/22/01])–20　　　　　　　　　 D. LEN(SPACE(3))–1

84. 下列变量中，（　　）是 Visual FoxPro 中的合法变量名。

   A. Glow　　　　　　　B. 7X.Y　　　　　　 C. 01 R　　　　　　D. AB.V

85. 下列表达式中，是逻辑型常量的是（　　）。

   A. .Y　　　　　　　　B. . N　　　　　　　 C. NOT　　　　　　D. .F.

86. 下列表达式中不正确的是（　　）。

   A. .NOT. 2+3>5　　　　　　　　　　　　　B. "ABC"–"BCD"

   C. .NOT. "ABC">"DEF"　　　　　　　　　　D. DTOC(DATE())+2

87. SET EXACT ON 后，下列表达式中结果为.F.的是（　　）。

   A. "王某"$"王"　　　　　　　　　　　　　B. "05/06/96"<"08/02/97"

   C. "王"$"王某"　　　　　　　　　　　　　D. "王某">"王"

88. 下列表达式中结果为"计算机等级考试"的表达式为（　　）。

   A. "计算机"|"等级考试"　　　　　　　　　B. "计算机"&"等级考试"

   C. "计算机"and"等级考试"　　　　　　　　D. "计算机"+"等级考试"

89. 下列常量中，只占用内存空间 1 个字节的是（　　）。

   A. 数值型常量　　　　B. 字符型常量　　　　C. 日期型常量　　　D. 逻辑型常量

90. 下列符号中，（　　）不能作为 Visual FoxPro 中的变量名。

   A. abc　　　　　　　　B. XYZ　　　　　　　 C. 5you　　　　　　D. goodluck

91. 下列关于变量的叙述不正确的一项是（　　）。

   A. 变量值可以随时更改

B. 变量值不可以随时更改

C. Visual FoxPro 的变量分为字段变量和内存变量

D. 在 Visual FoxPro 中，可以将不同类型的数据赋给同一个变量

92. 下列关于标签（Label）控件和其属性的说法中，错误的是（　　　　）。

 A. 在设计代码时，应用 Name 属性值而不能用 Caption 属性值来引用对象

 B. 在同一作用域内两个对象可以有相同的 Caption 属性值，但不能有相同的 Name 属性值

 C. 用户在表单或控件对象中，可以分别重新设置 Name 属性值和 Caption 属性值

 D. 对于标签控件，按下相应的访问键，将激活该控件，使该控件获得焦点

93. 下列控件不可以直接添加到表单中的是（　　　　）。

 A. 命令按钮   B. 命令按钮组 C. 选项按钮   D. 选项按钮组

94. 下列数据中，不是常量的是（　　　　）。

 A. NAME   B. "年龄"   C. "91/01/02" D. .T.

95. 下列说法中正确的是（　　　　）。

 A. 若函数不带参数，则调用时函数名后面的圆括号可以省略

 B. 函数若有多个参数，则各参数间应用空格隔开

 C. 调用函数时，参数的类型、个数和顺序不一定要一致

 D. 调用函数时，函数名后的圆括号不论有无参数都不能省略

96. 下列选项中不能够返回逻辑值的是（　　　　）。

 A. EOF( )   B. BOF( )   C. RECNO( ) D. FOUND( )

97. 下面严格日期书写格式正确的一项是（　　　　）。

 A. {2002-06-27} B. {06/27/02} C. {^2002-06-27} D. {^02-06-27}

98. 下面字符串中非法字符串为（　　　　）。

 A. 'a string' B. 'It is a'string'. ' C. "a string" D. "It is a'string. '"

99. 新建的属性默认值是（　　　　）。

 A. .T.   B. .F.   C. 1   D. 0

100. 要存储员工上下班打卡的日期和时间，应采用哪种数据类型的字段（　　　　）。

 A. 字符类型   B. 日期类型 C. 日期时间类型 D. 备注类型

101. 一旦表拥有备注字段或通用字段，除了表文件外，还会拥有一个备注文件，那么备注文件的扩展名是（　　　　）。

 A. .dbc   B. .dbf   C. .fpt   D. .prg

102. 一个日期型数据与一个正整数相加，其结果将是（　　　　）。

 A. 一个新的日期 B. 数据类型不匹配 C. 数值型   D. 字符型

103. 已知"是否通过"字段为逻辑型，要显示所有未通过的记录应使用命令（　　　　）。

 A. LIST FOR 是否通过=.T.   B. LIST FOR NOT 是否通过<>.T.

 C. LIST FOR "是否通过"   D. LIST FOR NOT 是否通过

104. 已知 D1 和 D2 为日期型变量，下列 4 个表达式中非法的是（　　　　）。

 A. D1-D2   B. D1+D2 C. D1+28   D. D1-36

105. 已知 X="134"，表达式&X+478 的值为（　　　　）。

 A. 34478   B. 612   C. "134478" D. "612"

106. 以下赋值语句正确的是（　　　）。
    A．STORE 8 TO X,Y　　　　　　　　B．STORE 8,9TO X,Y
    C．X=8,Y=9　　　　　　　　　　　D．X,Y=8

107. 以下关于 Visual FoxPro 的叙述最全面的是（　　　）。
    A．Visual FoxPro 是一个数据库应用平台软件
    B．Visual FoxPro 是一个数据库应用开发工具
    C．Visual FoxPro 是一个综合应用软件
    D．Visual FoxPro 既是一个数据库应用平台，又是数据库应用开发工具

108. 以下属于非容器类控件的是（　　　）。
    A．Form　　　　　B．Label　　　　　C．Page　　　　　D．Container

109. 以下属于容器类控件的是（　　　）。
    A．Text　　　　　B．Form　　　　　C．Label　　　　　D．CommandButton

110. 用鼠标双击对象时将引发（　　　）事件。
    A．Click　　　　　B．DblClick　　　　C．RightClick　　　D．Gotfocus

111. 有一菜单文件 mm.mnx，要运行该菜单的方法是（　　　）。
    A．执行命令 DO mm.mnx
    B．执行命令 DO MENU mm.mnx
    C．先生成菜单程序文件 mm.mpr，再执行命令 DO mm.mpr
    D．先生成菜单程序文件 mm.mpr，再执行命令 DO MENU mm.mnx

112. 与文本框的背景色有关的属性是（　　　）。
    A．Backcolor　　　B．Forecolor　　　C．RGB　　　　　D．FontSize

113. 运行表单时，可以按【（　　　）】键选择表单中的控件，使焦点在控件间移动。
    A．Ctrl　　　　　B．Enter　　　　　C．Alt　　　　　D．Tab

114. 在"选项"对话框的"文件位置"选项卡中可以设置（　　　）。
    A．表单的默认大小　　　　　　　　B．默认目录
    C．日期和时间的显示格式　　　　　D．程序代码的颜色

115. 在 VFP 的表结构中，逻辑型、日期型和备注型字段的宽度分别为（　　　）。
    A．1、8、10　　　B．1、8、4　　　C．3、8、10　　　D．3、8、任意

116. 在 Visual FoxPro 中，?ABS(–7*6)的结果是（　　　）。
    A．–42　　　　　B．42　　　　　　C．13　　　　　　D．–13

117. 在 Visual FoxPro 中，ABS()函数的作用是（　　　）。
    A．求数值表达式的绝对值　　　　　B．数值表达式的整数部分
    C．求数值表达式的平方根　　　　　D．求两个数值表达式中较大的一个

118. 在 Visual FoxPro 中，程序文件的扩展名为（　　　）。
    A．.prg　　　　　B．.qpr　　　　　C．.scx　　　　　D．.sct

119. 在 Visual FoxPro 中，逻辑运算符有（　　　）。
    A．.NOT.（逻辑非）　　　　　　　B．.AND.（逻辑与）
    C．.OR.（逻辑或）　　　　　　　　D．A、B、C

120. 在 Visual FoxPro 中，用来建立程序文件的命令是（   ）。
    A. OPEN   COMMAND <文件名>   B. CREATE   COMMAND <文件名>
    C. MODIFY   COMMAND <文件名>   D. 以上都不是

121. 在 Visual FoxPro 中，Width 属性只能接收（   ）数据。
    A. 字符型   B. 数值型   C. 逻辑型   D. 日期型

122. 在 Visual FoxPro 中，备注型数据类型在表中占用（   ）个字节。
    A. 1   B. 2   C. 4   D. 8

123. 在 Visual FoxPro 中，乘法和除法运算的优先级（   ）。
    A. 相同   B. 乘法优先   C. 除法优先   D. 不确定

124. 在 Visual FoxPro 中，结构化程序设计的 3 种基本逻辑结构是（   ）。
    A. 顺序结构、选择结构、循环结构   B. 选择结构、分支语句、循环结构
    C. 顺序结构、分支语句、选择结构   D. 选择结构、嵌套结构、分支语句

125. 在 Visual FoxPro 中，逻辑非可以用（   ）表示。
    A. .OR.   B. .AND.   C. .F.   D. !

126. 在 Visual FoxPro 中，逻辑运算优先级最高的是（   ）。
    A. .OR.   B. .AND.   C. .NOT.   D. 相同

127. 在一个表达式中，若既有关系运算，又有逻辑运算，则它们的运算优先级（   ）。
    A. 相等   B. 不相等
    C. 关系运算优先级高   D. 逻辑运算优先级高

128. 字符型常量的定界符不包括（   ）。
    A. 单引号   B. 双引号   C. 花括号   D. 方括号

129. Visual FoxPro 中，一个表可以创建（   ）个主索引。
    A. 1   B. 2   C. 3   D. 若干

130. Visual FoxPro 中的 4 个索引中，一表可以创建多个（   ）。
    A. 主索引、候选索引、唯一索引、普通索引   B. 候选索引、唯一索引、普通索引
    C. 主索引、候选索引、唯一索引   D. 主索引、唯一索引、普通索引

131. Visual FoxPro 中索引类型包括（   ）。
    A. 主索引、候选索引、普通索引、视图索引   B. 主索引、次索引、唯一索引、普通索引
    C. 主索引、次索引、候选索、普通索引   D. 主索引、候选索引、唯一索引、普通索引

132. Visual FoxPro 中的参照完整性包括（   ）。
    A. 更新规则   B. 删除规则   C. 插入规则   D. 以上答案均正确

133. Visual FoxPro 中多表关联参照完整性不包括（   ）。
    A. 更新规则   B. 插入规则   C. 查询规则   D. 删除规则

134. Visual FoxPro 中逻辑删除是指（   ）。
    A. 真正从磁盘上删除表及记录
    B. 逻辑删除是在记录旁作删除标志，不可以恢复记录
    C. 真正从表中删除记录
    D. 逻辑删除只是在记录旁作删除标志，必要时可以恢复记录

135. 报表的输出命令是（　　　　）。
    A. CREATE REPORT　　B. REPO FORM　　　　C. MODI REPO　　D. SET REPO
136. 报表设计器中不包含在基本带区的有（　　　　）。
    A. 标题　　　　　　　B. 页标头　　　　　　C. 页注脚　　　　D. 细节
137. 报表文件的扩展名是（　　　　）。
    A. .rpt　　　　　　　B. .frx　　　　　　　C. .rep　　　　　D. .rpx
138. 不能释放内存变量的命令是（　　　　）。
    A. RELEASE ALL　　　B. CLEAR ALL　　　　C. CLEAR　　　　D. CLEAR MEMO
139. 不能作为报表数据源的是（　　　　）。
    A. 数据库表　　　　　B. 视图　　　　　　　C. 表单　　　　　D. 自由表
140. 不允许记录中出现重复索引值的索引是（　　　　）。
    A. 主索引　　　　　　　　　　　　　　　　B. 主索引候选索引普遍索引
    C. 主索引和候选索引　　　　　　　　　　　D. 主索引候选索引和唯一索引
141. 测试当前记录指针的位置可以用函数（　　　　）。
    A. BOF()　　　　　　B. EOF()　　　　　　C. RECON()　　　D. RECCOUNT()
142. 创建两个具有"多对多"关系的表之间的关联，应当（　　　　）。
    A. 通过纽带表　　　　　　　　　　　　　　B. 通过某个同名字段
    C. 通过某个索引过的同名字段　　　　　　　D. 通过主索引字段和不同字段
143. 当前工作区是指（　　　　）。
    A. 最后执行 SELECT 命令所选择的工作区　　B. 最后执行 USE 命令所在的工作区
    C. 最后执行 REPLACE 命令所在的工作区　　D. 建立数据表时所在的工作区
144. 当前记录号可用函数（　　　　）求得。
    A. EOF()　　　　　　B. BOF()　　　　　　C. RECC()　　　　D. RECNO()
145. 当一个复选框的 Value 值为 0 时，表示其当前状态为（　　　　）。
    A. 被选中　　　　　　B. 没被选中　　　　　C. 呈灰色状　　　D. 不可见
146. 当用户用鼠标单击命令按钮时将触发事件（　　　　）。
    A. Click　　　　　　B. Load　　　　　　　C. Init　　　　　D. Error
147. 定义一个报表后，会产生的文件有（　　　　）。
    A. 报表文件（.frx）　　　　　　　　　　　B. 报表备注文件（.frt）
    C. 报表文件（.frx）和报表备注文件（.frt）　D. 看情况而定
148. 对数据表的结构进行操作，是在（　　　　）环境下完成的。
    A. 表设计器　　　　　B. 表向导　　　　　　C. 表浏览器　　　D. 表编辑器
149. 关系是指（　　　　）。
    A. 元组的集合　　　　B. 属性的集合　　　　C. 字段的集合　　D. 实例的集合
150. 关系数据库管理系统的 3 种基本关系运算不包括（　　　　）。
    A. 比较　　　　　　　B. 选择　　　　　　　C. 连接　　　　　D. 投影
151. 关系数据库管理系统所管理的关系是（　　　　）。
    A. 若干个二维表　　　B. 一个 .dbf 文件　　　C. 一个 .dbc 文件　D. 若干个 .dbc 文件

152. 关系型表达式的运算结果是（　　　）。

    A. 数值型常量　　　　B. 逻辑型常量　　　　C. 字符型常量　　　　D. 日期型常量

153. 关系运算符$用来判断一个字符串表达式是否（　　　）另一个字符串表达式。

    A. 等于　　　　　　　B. 完全等于　　　　　C. 不等于　　　　　　D. 包含于

154. 关系运算符"#"代表（　　　）。

    A. 近似等于　　　　　B. 完全等于　　　　　C. 精等于　　　　　　D. 不等于

155. 假设数据表文件中共有 50 条记录，执行命令 GO BOTTOM 后，记录指针指向记录的序号是（　　　）。

    A. 1　　　　　　　　B. 50　　　　　　　　C. 51　　　　　　　　D. EOF()

156. 将学生的自传存储在表中，应采用哪种数据类型的字段（　　　）。

    A. 字符类型　　　　　B. 通用类型　　　　　C. 逻辑类型　　　　　D. 备注类型

157. 将一个预览成功的菜单存盘，再运行该菜单，却不能执行，这是因为（　　　）。

    A. 没有放到项目中　　B. 没有生成　　　　　C. 要用命令方式　　　D. 要编入程序

158. 两个日期型数据相加后，得到的结果为（　　　）。

    A. 新的日期　　　　　B. 没有意义　　　　　C. 相差的天数　　　　D. 字符型

159. 面向对象的程序设计简称 OOP，关于 OOP 的叙述不正确的一项是（　　　）。

    A. OOP 以对象及其数据结构为中心

    B. OOP 工作的中心是程序代码的编写

    C. OOP 用"方法"表现处理事件的过程

    D. OOP 用"对象"表现事物，用"类"表示对象的抽象性

160. 哪一种索引文件会随着表的打开而自动打开，随着表的关闭而自动关闭（　　　）。

    A. 结构复合索引文件　　　　　　　　　　B. 独立复合索引

    C. 单索引文件　　　　　　　　　　　　　D. 以上都是

161. 如果把学生看成实体，某个学生的姓名叫"张三"，则张三应看成是（　　　）。

    A. 记录型　　　　　　B. 记录值　　　　　　C. 属性型　　　　　　D. 属性值

162. 如果要改变表单的标题，需要设置表单对象的（　　　）属性。

    A. Name　　　　　　B. Caption　　　　　C. BackColor　　　　D. BorderStyle

163. 设表中有 2 条记录，当 BOF() 的返回值为.T.时，其记录号为（　　　）。

    A. 0　　　　　　　　B. 1　　　　　　　　C. 2　　　　　　　　D. .T.

164. 设表中有 3 条记录，当 EOF() 的返回值为.T.时，其记录号为（　　　）。

    A. 1　　　　　　　　B. 2　　　　　　　　C. 3　　　　　　　　D. 4

165. 使用 LEN() 函数测长度时，一个汉字的长度为（　　　）。

    A. 1　　　　　　　　B. 2　　　　　　　　C. 3　　　　　　　　D. 4

166. 使用命令 DECLARE mm(2,3) 定义的数组，包含的数组元素（下标变量）的个数为（　　　）。

    A. 2　　　　　　　　B. 3　　　　　　　　C. 5　　　　　　　　D. 6

167. 数据表文件有 10 条记录，当前记录号是 3，使用 APPEND BLANK 命令增加一条空白记录，该记录的序号是（　　　）。

    A. 4　　　　　　　　B. 3　　　　　　　　C. 1　　　　　　　　D. 11

168. 数据库系统的构成为：数据库、计算机硬件系统、用户和（　　　）。

　　A. 操作系统　　　　　B. 文件系统　　　C. 数据集合　　　　D. 数据库管理系统

169. 数据库系统的核心是（　　　）。

　　A. 数据库管理系统　B. 数据库　　　　C. 数据库系统　　　D. 文件系统

170. 为了在报表中加入一个表达式，应该插入一个（　　　）。

　　A. 表达式控件　　　　B. 域控件　　　　C. 标签控件　　　　D. 文本控件

171. 为了在报表中加入一个文字说明，应该插入一个（　　　）。

　　A. 表达式控件　　　　B. 域控件　　　　C. 标签控件　　　　D. 文本控件

172. 系统默认的索引类型是（　　　）。

　　A. 普通索引　　　　　B. 主索引　　　　C. 候选索引　　　　D. 唯一索引

173. 下列关于字段名的命名规则，不正确的是（　　　）。

　　A. 字段名必须以字母或汉字开头　　　　B. 字段名可以由字母、汉字、下画线、数字组成

　　C. 字段名中可以包含空格　　　　　　　D. 字段可以是汉字或合法的西文标识符

174. 下面关于 Visual FoxPro 数组的叙述中，不正确的是（　　　）。

　　A. 一个数组中各个数组元素必须是同一种数据类型

　　B. 新定义的数组的各个数组元素初值为.F.

　　C. Visual FoxPro 只支持一维数组和二维数组

　　D. 用 DIMENSION 命令可以定义数组

175. 选择操作是根据某些条件对关系做（　　　）。

　　A. 垂直分割　　　　　B. 选择权　　　　C. 水平分割　　　　D. 分解操作

176. 循环结构中 EXIT 语句的功能是（　　　）。

　　A. 放弃本次循环，重新执行该循环结构　B. 放弃本次循环，进入下一次循环

　　C. 退出循环，执行循环结构的下一条语句D. 退出循环，结束程序的运行

177. 要打开多个数据表文件，应该在多个（　　　）。

　　A. 工作区中　　　　　B. 数据库中　　　C. 工作期中　　　　D. 项目中

178. 要将表 CJ.dbf 与 Grid 对象绑定，应设置 Grid 对象的两个属性的值如下（　　　）。

　　A. RecordSourceType 属性为 CJ，RecordSource 属性为 0

　　B. RecordSourceType 属性为 0，RecordSource 属性为 CJ

　　C. RowSourceType 属性为 0，RowSource 属性为 CJ

　　D. RowSourceType 属性为 CJ，RowSource 属性为 0

179. 要求数据库文件某数值型字段的整数是 4 位，小数是 2 位，其值可能为负数，该字段的宽度应定义为（　　　）。

　　A. 8 位　　　　　　　B. 7 位　　　　　C. 6 位　　　　　　D. 4 位

180. 要删除表中"年龄"字段中的所有值，其他字段值保持不变，应输入（　　　）命令。

　　A. REPL ALL 年龄 WITH 1　　　　　　B. REPL ALL 年龄 WITH 0

　　C. REPL ALL 年龄　　　　　　　　　　D. REPL 年龄 ALL

181. 要终止执行中的命令和程序，应按下【（　　　）】键。

　　A. F1　　　　　　　　B. Esc　　　　　C. F2　　　　　　　D. F3

182. 一个表的全部备注字段的内容存储在（　　　）中。

    A. 不同表备注文件　　　B. 同一表备注文件　C. 同一数据库文件　　　D. 不同数据库文件

183. 以下哪一条命令能够关闭所有已打开的数据库及表（　　　）。

    A. USE　　　　　　　　　　　　　　B. CLOSE DATABASE

    C. CLOS DATA ALL　　　　　　　　　D. CLOSE TABLES

184. 永久关系是数据库表之间的关系，在数据库设计器表现为表索引之间的（　　　）。

    A. 关系　　　　　　　B. 联接　　　　　　C. 映射　　　　　　　D. 连线

185. 用二维表形式表示的数据模型是（　　　）。

    A. 层次数据模型　　　B. 关系数据模型　　C. 网状数据模型　　　D. 网络数据模型

186. 预览报表的命令是（　　　）。

    A. PREVIEW REPORT　　　　　　　　B. REPORT FORM…PREVIEW

    C. PRINT REPORT…PREVIEW　　　　　D. REPORT…PREVIEW

187. 在 Visual FoxPro 中，打开一个数据表文件的命令是（　　　）。

    A. OPEN DATABASE<数据表文件名>　　B. USE<数据表文件名>

    C. OPEN<数据表文件名>　　　　　　　D. CREATE<数据表文件名>

188. 在 Visual FoxPro 中，打开一个数据库文件的命令是（　　　）。

    A. CREA DATA<数据库名>　　　　　　B. OPEN DATA<数据库名>

    C. CREA <数据库名>　　　　　　　　D. OPEN <数据库名>

189. 在 Visual FoxPro 中，浏览表记录的命令是（　　　）。

    A. USE　　　　　　　B. BROWSE　　　　C. MODIFY　　　　　D. CLOSE

190. 在 Visual FoxPro 中，逻辑型数据在表中占用（　　　）个字节。

    A. 1　　　　　　　　B. 2　　　　　　　C. 4　　　　　　　　D. 10

191. 在 Visual FoxPro 中，求余运算和（　　　）函数作用相同。

    A. MOD()　　　　　　B. ROUND()　　　　C. PI()　　　　　　　D. SORT()

192. 在 Visual FoxPro 中，数据库文件的扩展名为（　　　）。

    A. .dbc　　　　　　　B. .dct　　　　　　C. .dcx　　　　　　　D. .dbf

193. 在 Visual Foxpro 中，选项组又称为选项按钮组，它是（　　　）。

    A. 包含选项按钮的一种控件　　　　　B. 包含选项按钮的一种按钮

    C. 包含选项按钮的一种容器　　　　　D. 包含选项按钮的一种按纽组

194. 在 Visual FoxPro 中，要浏览表记录，首先用（　　　）命令打开要操作的表。

    A. USE <表名>　　　　　　　　　　B. OPEN STRUCTURE

    C. MODIFY STRUCTURE　　　　　　　D. MODIFY

195. 在 Visual FoxPro 中，执行程序文件的命令是（　　　）。

    A. DO <文件名>　　　B. OPEN <文件名>　C. MDIFY <文件名>　　D. 以上答案都不对

196. 在 Visual FoxPro 中，组合框分为（　　　）。

    A. 下拉选项框和下拉列表框　　　　　B. 下拉选项框和下拉组合框

    C. 下拉列表框和下拉组合框　　　　　D. 列表框和下拉组合框

197. 在 Visual FoxPro 中表单（Form）是（　　　）。

    A. 数据库中表的清单　　　　　　　　B. 一个表中记录的清单

C. 数据库中可以查询的对象清单　　　　D. 窗口界面

198. 在 Visual FoxPro 中，数组元素定义后，其初值为（　　）。
   A. 0　　　　　B. .T.　　　　　C. .F.　　　　　D. 空值

199. 在关系理论中，把二维表表头中的栏目称为（　　）。
   A. 数据项　　　B. 元组　　　　C. 结构名　　　D. 属性名

200. 在关系理论中称为"关系"的概念，在关系数据库中称为（　　）。
   A. 实体集　　　B. 文件　　　　C. 表　　　　　D. 记录

201. 在关系理论中称为"元组"的概念，在关系数据库中称为（　　）。
   A. 实体　　　　B. 记录　　　　C. 行　　　　　D. 字段

202. 在建立唯一索引，出现重复字段值时，只存储重复出现记录的（　　）。
   A. 第一个　　　B. 最后一个　　C. 全部　　　　D. 几个

203. 在命令窗口中，显示当前数据库中所有 40 岁（含 40 岁）以下、职称为"教授"、"副教授"的姓名和工资，应使用命令（　　）。
   A. LIST 姓名,工资 FOR 年龄<=40.AND.职称="教授".AND.职称="副教授"
   B. LIST 姓名,工资 FOR 年龄<=40.OR.职称="教授".OR.职称="副教授"
   C. LIST 姓名,工资 FOR 年龄<=40.AND.(职称="教授".OR.职称="副教授")
   D. LIST 姓名,工资 FOR 年龄<=40.OR.(职称="教授".AND.职称="副教授")

204. 在命令窗口中输入（　　）命令，然后按【Enter】键主屏幕上将显示"Visual FoxPro 6.0"。
   A. ?Visual FoxPro 6.0　　　　　　　B. ?{Visual FoxPro 6.0}
   C. ?"Visual FoxPro 6.0"　　　　　　D. Visual FoxPro 6.0

205. 在命令窗口中输入（　　）命令可退出 Visual FoxPro。
   A. DIR　　　　B. CLEAR　　　C. QUIT　　　　D. DELETE

206. 在某控件的事件代码中，若想调用与该控件处于同一容器的另外一个对象，应该使用相对调用的关键字是（　　）。
   A. This　　　　B. ThisForm　　C. ThisForm.Parent　　D. This.Parent

207. 在数据库设计器中，建立两个表之间的一对多联系是通过以下索引实现的（　　）。
   A. "一方"表的主索引或候选索引，"多方"表的普通索引
   B. "一方"表的主索引，"多方"表的普通索引或候选索引
   C. "一方"表的普通索引，"多方"表的主索引或候选索引
   D. "一方"表的普通索引，"多方"表的候选索引或普通索引

208. 在下列函数中，函数值为数值的是（　　）。
   A. AT('人民', '中华人民共和国')　　　B. CTOD('01/01/96')
   C. BOF()　　　　　　　　　　　　　D. SUBSTR(DTOC(DATE()),7)

209. 执行下面的语句后，数组 M 与 N 的元素个数分别为（　　）。
   `DIMENSION M(6),N(4,5)`
   A. 6　20　　　B. 6　5　　　　C. 7　21　　　　D. 6　9

210. 职工数据库中有 D 型字段"出生日期"，要计算职工的整数实足年龄，应当使用命令（　　）。
   A. ?DATE()-出生日期/365　　　　　B. ?(DATE()-出生日期)/365
   C. ?INT((DATE()-出生日期)/365)　　D. ?ROUND((DATE()-出生日期)/365)

211. 只有（　　）表能够创建主索引。

　　A. 自由　　　　　　B. 任何　　　　　　　C. 数据库　　　　　　　　D. 排序

212. 主索引可确保字段中输入值的（　　）性。

　　A. 唯一　　　　　　B. 重复　　　　　　　C. 多样　　　　　　　　　D. 兼容

213. 字段"婚否"的值为逻辑型，字段"性别"为字符型，统计当前数据表中已婚男职工人数的
　　命令是（　　）。

　　A. COUNT FOR 性别="男".AND.婚否　　　　B. SUB ALL 性别="男".AND.婚否
　　C. COUNT 性别="男".AND.婚否　　　　　　D. COUNT FOR 性别.AND.婚否

214. 查询去向中没有（　　）。

　　A. 屏幕　　　　　　B. 浏览　　　　　　　C. 图形　　　　　　　　　D. 列表框

215. 查询设计器和视图设计器的主要不同表现在于（　　）。

　　A. 查询设计器有"更新条件"选项卡，没有"查询去向"选项卡
　　B. 查询设计器没有"更新条件"选项卡，有"查询去向"选项卡
　　C. 视图设计器没有"更新条件"选项卡，有"查询去向"选项卡
　　D. 视图设计器有"更新条件"选项卡，也有"查询去向"选项卡

216. 查询设计器中的"筛选"选项卡用来（　　）。

　　A. 编辑联接条件　B. 指定查询条件　　　C. 指定排序属性　　　　D. 指定是否要重复记录

217. 查询设计器中的"杂项"选项卡用于（　　）。

　　A. 编辑联接条件　　　　　　　　　　　　B. 指定是否要重复记录及列在前面的记录等
　　C. 指定查询条件　　　　　　　　　　　　D. 指定要查询的数据

218. 打印报表的命令是（　　）。

　　A. REPORT FORM　　B. PRINT REPORT　C. DO REPORT　　　　D. RUN REPORT

219. 当前数据库中，"体育达标"字段为逻辑类型，要显示所有未达标的记录应使用命令（　　）。

　　A. LIST FOR 体育达标=.T.　　　　　　　B. LIST FOR 体育达标<>.F.
　　C. LIST FOR .NOT.体育达标　　　　　　　D. LIST FOR .NOT."体育达标"

220. 定位记录时，可以用（　　）命令向前或向后相对移动若干条记录位置。

　　A. SKIP　　　　　　B. GOTO　　　　　　　C. GO　　　　　　　　　　D. LOCATE

221. 假定 M=[22+28]，则执行命令?M 后屏幕将显示（　　）。

　　A. 50　　　　　　　B. 22+28　　　　　　　C. [22+28]　　　　　　　　D. 50.00

222. 假设当前有一个姓名表，将记录指针定位在姓名为"一凡"的记录上，应输入的命令是（　　）。

　　A. LOCATE FOR 姓名="一凡"　　　　B. SEEK "一凡" TO 姓名
　　C. SEEK "姓名" ORDER "一凡"　　　　D. SEEK "姓名" TO 一凡

223. 命令 DIME array(5,5)执行后，array(3,3)的值为（　　）。

　　A. 0　　　　　　　　B. 1　　　　　　　　C. .T.　　　　　　　　　D. .F.

224. 若要恢复逻辑删除的若干记录，应该（　　）。

　　A. 重新输入　　　　　　　　　　　　　　B. 立即按【Esc】键
　　C. 用鼠标重新单击删除标识　　　　　　　D. 用 SET DELETE OFF 命令

225. 假设当前记录号是 10，执行命令 SKIP-2 后，当前记录号变为（　　）。

　　A. 7　　　　　　　　B. 8　　　　　　　　C. 9　　　　　　　　　　D. 12

226. 设职工工资表已打开，要把记录指针定位在第 1 个工资高于 800 元的记录上，应使用命令（　　）。

    A. SEEK 工资>800　　　　　　　　　B. FIND 工资>800

    C. FIND FOR 工资>800　　　　　　　D. LOCATE FOR　工资>800

227. 设字段变量"工作日期"为日期型，"工资"为数值型，则要想表达"工龄大于 30 年，工资高于 1500、低于 1800 元"这一命题，其表达式是（　　）。

    A. 工龄>30.AND.工资>1500.AND.工资<1800

    B. 工龄>30.AND.工资>1500.OR.工资<1800

    C. INT((DATE()–工作日期)/365)>30.AND.工资>1500.OR.工资<1800

    D. INT((DATE()–工作日期)/365)>30.AND.(工资>1500.AND.工资<1800)

228. 设字段变量 job 是字符型的，pay 是数值型的，能够表达"job 是处长且 pay 不大于 1000 元"的表达式是（　　）。

    A. job=处长.AND.pay>1000　　　　　B. job="处长".AND.pay<1000

    C. job="处长".AND.pay<=1000　　　　D. job=处长.AND.pay<=1000

229. 使用 ALLTRIM()函数可以删除所给表达式的（　　）。

    A. 前导空格　　　　B. 尾部空格　　　　C. 前后空格　　　　D. 所有空格

230. 数据表文件在当前工作区已打开，为了在文件尾部增加一条空白记录，应使用（　　）命令。

    A. APPEND BLANK　　B. INSERT BLANK　　C. BROWSE BLANK　D. SELECT BLANK

231. 数据扫描循环语句 SCAN 与（　　）联用。

    A. END SCAN　　　　B. ENDSCAN　　　　C. ENDDO　　　　D. ENDFOR

232. 物理删除表中所有记录的命令是（　　）。

    A. DELETE　　　　B. SKIP　　　　C. ZAP　　　　D. RECALL

233. 下列关于查询的说法，不正确的一项是（　　）。

    A. 查询是 Visual FoxPro 支持的一种数据库对象

    B. 查询就是预先定义好的一个 SQL SELECT 语句

    C. 查询是从指定的表中提取满足条件的记录，然后按照想得到的输出类型定向输出查询结果

    D. 查询就是一种表文件

234. 下列关于查询的说法正确的一项是（　　）。

    A. 查询文件的扩展名为.qpx　　　　　B. 不能基于自由表创建查询

    C. 根据数据库表或自由表或视图可以建立查询　D. 不能基于视图创建查询

235. 下列关于查询的说法中错误的是（　　）。

    A. 利用查询设计器可以查询表的内容

    B. 利用查询设计器不能完成数据的统计运算

    C. 利用查询设计器可以进行有关表数据的统计运算

    D. 查询设计器的查询去向可以是图形

236. 学生关系中有姓名、性别、出生日期等字段，要显示所有 1985 年出生的学生名单，应使用的命令是（　　）。

    A. LIST 姓名 FOR 出生日期=1985　　　B. LIST 姓名 FOR 出生日期="1985"

    C. LIST 姓名 FOR YEAR(出生日期)=1985　D. LIST 姓名 FOR YEAR("出生日期")=1985

237. 要清除、释放变量 AB、DE 可以使用（　　）命令。

    A. DELE AB,DE　　　B. PACK AB,DE　　　C. ZAP AB,DE　　　D. RELE AB,DE

238. 要清除 Visual FoxPro 的主窗口编辑区，应执行（　　　）命令。

    A. CLEAR　　　　　　　B. SET TALK ON　　　C. SET TALK OFF　　　D. CLOSE

239. 要显示数据表文件中平均分超过 80 分和平均分不及格的所有男生记录，应使用的命令为（　　　）。

    A. LIST FOR　　性别="男",平均分>80,平均分<=60

    B. LIST FOR　　性别="男".AND. 平均分>=80.AND. 平均分<=60

    C. LIST FOR　　性别="男".AND. (平均分>80.OR.平均分<60)

    D. LIST FOR　　性别="男".AND. 平均分>80.OR.平均分<60

240. 要显示数据库文件中平均分超过 90 分和不及格的全部女生记录，应当使用命令（　　　）。

    A. LIST FOR　性别="女",平均分>=90,平均分<=60

    B. LIST FOR　性别="女",平均分>90,平均分<60

    C. LIST FOR　性别="女".AND.平均分>90.AND.平均分<60

    D. LIST FOR　性别="女".AND.(平均分>90.OR.平均分<60)

241. 要想在一个打开的数据表中删除某些记录，应先后选用的两个命令是（　　　）。

    A. DELETE、RECALL　B. DELETE、PACK　　C. DELETE、ZAP　　　D. PACK、DELETE

242. 一数据表中的"婚否"字段为逻辑型，要显示所有已婚人的信息，应执行命令（　　　）。

    A. LIST FOR 婚否　　　　　　　　　　　B. LIST FOR 婚否="真"

    C. LIST FOR 婚否="已婚"　　　　　　　　D. LIST 婚否

243. 一数据表中的"团否"字段为逻辑型，要显示所有的非团员，应执行命令（　　　）。

    A. LIST FOR 团否="真"　　　　　　　　　B. LIST FOR 团否="假"

    C. LIST FOR 团否　　　　　　　　　　　D. LIST FOR 团否=.F.

244. 以下（　　　）命令能够恢复已被逻辑删除的数据记录。

    A. DELETE　　　　　　B. PACK　　　　　　　C. RECALL　　　　　　D. ZAP

245. 以下命令（　　　）实现统计数据表的记录数。

    A. SUM　　　　　　　B. CONTINUE　　　　　C. COUNT　　　　　　D. RECORDNUM

246. 用 LOCATE 命令查找出满足条件的第一个记录后，要继续查找满足条件的下一条记录，应该用（　　　）命令。

    A. SKIP　　　　　　　B. GO　　　　　　　　C. LICATE　　　　　　D. CONTINUE

247. 用 VFP 表达式表示"x 是小于 100 的非负数"，正确的是（　　　）。

    A. $0 \le x < 100$　　B. $0 <= x < 100$　　C. $x >= 0$ AND $x < 100$　　D. $0 <= x$ OR $x < 100$

248. 在 VFP 中，要直接运行表单文件的命令是（　　　）。

    A. MODIFY FORM　　B. CREATE FORM　　　C. USE　　　　　　　D. DO FORM

249. 在 Visual FoxPro 中，APPEND 命令的作用是（　　　）。

    A. 在表的任意位置添加记录　　　　　　　B. 在当前记录之前插入新记录

    C. 在表的尾部添加记录　　　　　　　　　D. 在表的首部添加记录

250. 在 Visual FoxPro 中，查询文件的扩展名为（　　　）。

    A. .qpr　　　　　　　B. .fmt　　　　　　　　C. .fqt　　　　　　　D. .lbt

251. 在 Visual FoxPro 中，当一个查询基于多个表时，要求表（　　　）。

    A. 之间不需要有联系　　　　　　　　　　B. 之间必须是有联系的

    C. 之间一定不要有联系　　　　　　　　　D. 之间可以有联系可以没联系

252. 在 Visual FoxPro 中, 恢复逻辑删除的记录的命令是 (   )。
    A. RECOVER   B. RECALL   C. DELETE   D. PACK

253. 在 Visual FoxPro 中, 逻辑删除表中性别为女的命令是 (   )。
    A. DELETE FOR 性别="女"   B. DELETE 性别=女
    C. PACK 性别=女   D. ZAP 性别=女

254. 在查询设计器中, 可以指定是否重复记录的是 (   ) 选项卡。
    A. 字段   B. 杂项   C. 联接   D. 筛选

255. 在查询设计器中, 用于编辑联接条件的选项卡是 (   )。
    A. 字段   B. 联接   C. 筛选   D. 排序依据

256. 在查询设计器中可以定义的 "查询去向" 默认为 (   )。
    A. 浏览   B. 图形   C. 临时表   D. 标签

257. 在索引查询中, 是否已查到指定的记录是通过 (   ) 函数确定的。
    A. FOUND()   B. RECNO()   C. EOF()   D. BOF()

258. 执行?AT("教授","副教授")命令的显示结果是 (   )。
    A. .T.   B. 2   C. 3   D. 0

259. 执行 SELECT 0 选择工作区的结果是 (   )。
    A. 选择了 0 号工作区   B. 选择了空闲的最小号工作区
    C. 选择了一个空闲的工作区   D. 显示出错信息

260. Visual FoxPro 的报表文件.frx 中保存的是 (   )。
    A. 打印报表的预览格式   B. 打印报表本身
    C. 报表的格式和数据   D. 报表设计格式的定义

261. 表单保存时会形成扩展名为 (   ) 的文件。
    A. .scx   B. .sct   C. .dcx   D. .dct

262. 表单的 (   ) 方法用来重画表单, 而且还能重画表单所包容的对象。
    A. Release   B. Refresh   C. Show   D. Hide

263. 表单的 Caption 属性用于 (   )。
    A. 指定表单执行的程序   B. 指定表单的标题
    C. 指定表单是否可用   D. 指定表单是否可见

264. 表单的单击事件名称是 (   )。
    A. Click   B. Init   C. Load   D. Keypress

265. 表单设计器启动后, Visual FoxPro 主窗口上将出现 (   )。
    A. 表单设计器和属性窗口   B. 表单控件和表单设计工具栏
    C. "表单" 菜单   D. 以上答案均正确

266. 表单文件的扩展名是 (   )。
    A. .scx   B. .fxp   C. .hlp   D. .idx

267. 表文件的默认文件扩展名是 (   )。
    A. .dbf   B. .fpt   C. .prg   D. .dbc

268. 不带参数的 (   ) 命令将屏蔽系统菜单, 使系统菜单不可用。
    A. SET SYSNENU NOSAVE   B. SET SYSNENU SAVE

C.　SET SYSMENU TO　　　　　　　　D.　SET SYSMENU TO DEFAULT

269.　当在菜单设计器中设计完菜单项后，要选择"菜单"中的（　　　）。

　　A.　运行　　　　　　B.　编译　　　　　　C.　生成　　　　　　D.　调试

270.　对表单控件的访问或引用时是通过（　　　）属性进行的。

　　A.　Caption　　　　　B.　Font　　　　　　C.　Name　　　　　　D.　Visible

271.　对表单中控件字体大小的设定是通过（　　　）属性设置的。

　　A.　FontSize　　　　　B.　FontName　　　　C.　FontItalic　　　　D.　FontBold

272.　对表进行垂直方向的分割用的运算是（　　　）。

　　A.　交　　　　　　　B.　投影　　　　　　C.　选择　　　　　　D.　连接

273.　对表进行水平方向的分割用的运算是（　　　）。

　　A.　交　　　　　　　B.　投影　　　　　　C.　选择　　　　　　D.　连接

274.　关闭表单的最常用方法是（　　　）。

　　A.　Release　　　　　B.　Close　　　　　　C.　End　　　　　　D.　Destroy

275.　建立事件循环的命令是（　　　）。

　　A.　BEGIN EVENTS　　B.　READ EVENTS　　C.　CLEAR EVENTS　　D.　END EVENTS

276.　扩展名为.prg 的程序文件在项目管理器的（　　　）选项卡中。

　　A.　数据　　　　　　B.　文档　　　　　　C.　代码　　　　　　D.　其他

277.　设计菜单要完成的最终操作是（　　　）。

　　A.　创建主菜单及子菜单　　　　　　　　B.　指定各菜单任务

　　C.　浏览菜单　　　　　　　　　　　　　D.　生成菜单程序

278.　下列关于 Visual FoxPro 生成器描述正确的是（　　　）。

　　A.　生成器是带有选项卡的对话框，用于简化对表单、复杂控件的创建和修改

　　B.　表单生成器用来创建表单

　　C.　表格生成器用于创建表格并设置其格式

　　D.　自动格式生成器是系统自动的设置控件的格式

279.　下列关于表单控件基本操作的叙述中，不正确的一项是（　　　）。

　　A.　在表单设计器中，双击表单中的控件可进入编写代码环境

　　B.　要在表单中复制新控件，可以按住【Ctrl】键并拖放该控件

　　C.　表单运行时用户可以按【Tab】键选择表单中的控件，控件的 Tab 次序决定了选择控件的次序

　　D.　要使表单中所有控件具有相同的大小，可单击"布局"工具栏中的"相同大小"按钮

280.　下列关于菜单设计器的说法，正确的一项是（　　　）。

　　A.　为顶层表单设计下拉菜单

　　B.　通过定制 Visual FoxPro 系统菜单建立应用程序的下拉式菜单

　　C.　在利用菜单设计器设计菜单时，各菜单项及功能可以由自己来定义，也可以用 Visual FoxPro 系统的标准菜单项及功能

　　D.　A、B、C

281.　下列运行表单的方法中不正确的一项是（　　　）。

　　A.　选择"程序"菜单中的"运行"命令

　　B.　在表单设计器环境下，选择"表单"菜单下的"执行表单"命令

C. 单击标准工具栏上的"运行"按钮

D. 执行 OPEN FORM 命令

282. 用菜单设计器设计好的菜单保存后，其生成的文件扩展名为（   ）。

A. .scx 和.sct   B. .mnx 和.mnt   C. .frx 和.frt   D. .pjx 和.pjt

283. 在 Visual FoxPro 中，菜单文件的扩展名为（   ）。

A. .mnx   B. .mnt   C. .idx   D. .pjt

284. 在表单设计器中，若要同时选中多个控件，可借助【（   ）】键。

A. Shift   B. Alt   C. CapsLock   D. Ctrl

285. 在创建表单选项按钮组时，下列说法中正确的是（   ）。

A. 选项按钮的个数由 Value 属性决定   B. 选项按钮的个数由 Name 属性决定

C. 选项按钮的个数由 ButtonCount 属性决定 D. 选项按钮的个数由 Caption 属性决定

286. 在创建表单选项按钮组时，选项按钮的个数由（   ）属性决定。

A. ButtonCount   B. OptionCount   C. ColumnCount   D. Value

287. 在命令窗口中执行下列命令：SJKM="HYGS" USE &SJKM 后，已打开的数据表文件是（   ）。

A. HYGS.dbf   B. SJKM.dbf   C. &SJKM.dbf   D. HYGS.txt

288. 为表单 Myform 添加事件或方法代码，改变该表单中的控件 Cmd1 的 Caption 属性的正确命令是（   ）。

A. THISFORMSET.Cmd1.Caption="最后一个"   B. Myform.Cmd1="最后一个"

C. THISFORM.Cmd1.Caption="最后一个"   D. THIS.Cmd1.Caption="最后一个"

289. 下列程序段有语法错误的行为第（   ）行。

```
1 d=b*b-4*a*c
2 IF d>0
3 s=SQRT(d)
4 ELSE s=SQRT(-d)
5 ENDIF
```

A. 2   B. 3   C. 4   D. 5

290. 下列程序段有语法错误的行为第（   ）行。

```
1 DO CASE
2 CASE a>0
3 s=1
4 ELSE
5 s=0
6 ENDCASE
```

A. 2   B. 4   C. 5   D. 6

291. 以下程序的运行结果为（   ）。

```
x=1.5
DO CASE
CASE x>2
y=2
CASE x>1
y=1
ENDCASE
?y
```

A. 1   B. 2   C. 0   D. 语法错误

292. 以下程序段执行后，数据记录指针指向（　　　）。
```
DIMENSION A(3)
A(1) = 'top'
A(2) = 'bottom'
A(3) = 'skip'
GO &A(2)
```
  A. 表头   B. 表的最末一条记录   C. 第五条记录   D. 第二条记录

293. 有如下 Visual FoxPro 程序：
```
M=0
N=100
DO WHILE N>M
M=M+N
N=N-10
ENDDO
?M
```
  运行此程序显示 M 的值是（　　　）。
  A. 0   B. 10   C. 100   D. 99

294. 在 FOR…ENDFOR 循环结构中，如省略步长则系统默认步长为（　　　）。
  A. 0   B. -1   C. 1   D. 2

295. 在以下 4 组函数运算中，结果相同的是（　　　）。
  A. LEFT("Visual FoxPro",6)与 SUBSTR("Visual FoxPro",1,6)
  B. YEAR(DATE())与 SUBSTR(DTOC(DATE),7,2)
  C. VARTYPE("36-5*4")与 VARTYPE(36-5*4)
  D. 假定 A="this "，B="is a string"，A-B 与 A+B

296. 在 Visual FoxPro 中，下列关于表的叙述正确的是（　　　）。
  A. 在数据库表和自由表中，都能给字段定义有效性规则和默认值
  B. 在自由表中，能给表中的字段定义有效性规则和默认值
  C. 在数据库表中，能给表中的字段定义有效性规则和默认值
  D. 在数据库表和自由表中，都不能给字段定义有效性规则和默认值

297. 在 SQL 的 SELECT 查询的结果中，消除重复记录的方法是（　　　）。
  A. 通过指定主索引实现   B. 通过指定唯一索引实现
  C. 使用 DISTINCT 短语实现   D. 使用 WHERE 短语实现

298. 在 SQL SELECT 语句中为了将查询结果存储到临时表应该使用短语（　　　）。
  A. TO CURSOR B. INTO CURSOR   C. INTO DBF   D. TO DBF

299. 设有订单表 order（其中包括字段：订单号，客户号，职员号，签订日期，金额），查询 2007 年所签订单的信息，并按金额降序排序，正确的 SQL 命令是（　　　）。
  A. SELECT * FROM order WHERE YEAR(签订日期)=2007 ORDER BY 金额 DESC
  B. SELECT * FROM order WHILE YEAR(签订日期)=2007 ORDER BY 金额 ASC
  C. SELECT * FROM order WHERE YEAR(签订日期)=2007 ORDER BY 金额 ASC
  D. SELECT * FROM order WHILE YEAR(签订日期)=2007 ORDER BY 金额 DESC

300. 在 SQL 语句中，视图定义的命令是（　　　）。
  A. ALTER VIEW   B. SELECT VIEW   C. CREATE VIEW   D. MODIFY VIEW

3.2 程序填空题

请在【 】处添上适当的内容，使程序完整。

1. 下面是计算 1+3+5+…+99 之和的程序。
```
***********SPACE*********
【?】
***********SPACE*********
FOR I=1 TO  99 【?】
   S=S+I
ENDFOR
***********SPACE*********
?"结果=",【?】
```

2. 依次显示 XSDB.dbf 数据表中的记录内容。
```
***********SPACE*********
【?】
***********SPACE*********
DO WHILE【?】
   DISP
***********SPACE*********
   【?】
ENDDO
USE
```

3. 列出 XSDB.dbf 数据表中法律系学生记录，将结果显示输出。
```
***********SPACE*********
【?】
DO WHILE .T.
   IF 系列="法律"
     DISP
   ENDIF
***********SPACE*********
   【?】
   IF EOF()
***********SPACE*********
   【?】
   ENDIF
ENDDO
```

4. 统计 300～600 之间（包括 300 和 600）能被 3 整除的数的个数。
```
GS=0
N=300
***********SPACE*********
DO WHILE 【?】
   IF MOD(N,3)=0
***********SPACE*********
     【?】
   ENDIF
***********SPACE*********
   【?】
ENDDO
?"300～600 之间（包括 300 和 600）能被 3 整除的数的个数为",GS
```

5. 查找 XSDB 表中计算机成绩最高分的学生，将其姓名和计算机字段的内容显示出来，如：
王迪　98。

```
USE XSDB
MAX=计算机
***********SPACE**********
【?】
DO WHILE .NOT.EOF()
   IF MAX<计算机
      MAX=计算机
***********SPACE**********
     【?】
   ENDIF
***********SPACE**********
  【?】
ENDDO
?XM,MAX
USE
```

6. 以下程序通过键盘输入 4 个数字，找出其中最小的数。

```
***********SPACE**********
【?】
INPUT "请输入第一个数字" TO X
M=X
DO WHILE I<=3
      INPUT "请输入数字" TO X
***********SPACE**********
      IF 【?】
          M=X
      ENDIF
***********SPACE**********
  【?】
ENDDO
?"最小的数是",M
```

7. 显示所有 100 以内的 6 的倍数的数，并求这些数的和。

```
I=1
***********SPACE**********
【?】
DO WHILE I<=100
***********SPACE**********
   IF MOD(【?】)=0
       ?I
       S=S+I
***********SPACE**********
     【?】
       I=I+1
ENDDO
?"S=",S
```

8. 从键盘输入一个表的文件名，将该表的第一条记录和最后一条记录的姓名字段内容互换。

```
ACCEPT TO A
USE &A
```

```
GO 1
XM1=姓名
GO BOTTOM
**********SPACE*********
【?】
**********SPACE*********
REPL 姓名 WITH 【?】
**********SPACE*********
【?】
REPL 姓名 WITH XM2
USE
```

9. 通过循环程序，输出九九表。

$1 \times 1= 1$

$1 \times 2= 2$ $2 \times 2= 4$

$1 \times 3= 3$ $2 \times 3= 6$ $3 \times 3= 9$

$1 \times 4= 4$ $2 \times 4= 8$ $3 \times 4=12$ $4 \times 4=16$

$1 \times 5= 5$ $2 \times 5=10$ $3 \times 5=15$ $4 \times 5=20$ $5 \times 5=25$

$1 \times 6= 6$ $2 \times 6=12$ $3 \times 6=18$ $4 \times 6=24$ $5 \times 6=30$ $6 \times 6=36$

$1 \times 7= 7$ $2 \times 7=14$ $3 \times 7=21$ $4 \times 7=28$ $5 \times 7=35$ $6 \times 7=42$ $7 \times 7=49$

$1 \times 8= 8$ $2 \times 8=16$ $3 \times 8=24$ $4 \times 8=32$ $5 \times 8=40$ $6 \times 8=48$ $7 \times 8=56$ $8 \times 8=64$

$1 \times 9= 9$ $2 \times 9=18$ $3 \times 9=27$ $4 \times 9=36$ $5 \times 9=45$ $6 \times 9=54$ $7 \times 9=63$ $8 \times 9=72$ $9 \times 9=81$

```
FOR N=1 TO 9
**********SPACE*********
    【?】
**********SPACE*********
      【?】
**********SPACE*********
      ?? STR(M,1)+ "×"+STR(N,1)+ "="+【?】+ " "
    ENDFOR
ENDFOR
```

10. 设表 AAA.dbf 包括学号、姓名、成绩，下列程序完成打印最高成绩记录的学号、姓名、成绩。

```
USE AAA.DBF
NN=1
MAX1=成绩
**********SPACE*********
DO WHILE 【?】
  IF 成绩>MAX1
    MAX1=成绩
    NN=RECNO()
  ENDIF
**********SPACE*********
  【?】
ENDDO
**********SPACE*********
【?】
?"最高成绩: 学号="+学号+",姓名="+姓名+",成绩="
??成绩
USE
```

11. 共有 3 个表 tb1.dbf、tb2.dbf、tb3.dbf。下面程序功能是把每个表的末尾记录删除。

```
N=1
***********SPACE*********
DO WHILE N<=【?】
***********SPACE*********
    TB=【?】
    USE &TB
    GO BOTTOM
    DELE
    PACK
***********SPACE*********
    【?】
ENDDO
```

12. 百钱百鸡问题：100 元买 100 只鸡，公鸡一只 5 元钱，母鸡一只 3 元钱，小鸡一元钱 3 只，求 100 元钱能买公鸡、母鸡、小鸡各多少只？

```
FOR HB=0 TO 100
***********SPACE*********
  FOR HM=0 TO 100-【?】
***********SPACE*********
    HS=【?】
***********SPACE*********
    IF HB*5+HM*3+【?】=100
      ?"公鸡有: ",HB,"母鸡有: ",HM,"小鸡有: ",HS
    ENDIF
  ENDFOR
ENDFOR
```

13. 将字母转换成密码，转换规则是将当前字母变成其后的第四个字母，但 W 变成 A、X 变成 B、Y 变成 C、Z 变成 D，小写字母的转换规则同样。

```
ACCEPT "请输入一个字符串: " TO PP
?PP
P=""
***********SPACE*********
FOR I=1 TO 【?】
  M=ASC(SUBS(PP,I,1))
***********SPACE*********
  IF M<=ASC("Z").AND. M>=ASC("A")【?】 M>=ASC("a") AND M<=ASC("z")
    DO CASE
        CASE M=ASC("W")
            M=ASC("A")
        CASE M=ASC("w")
            M=ASC("a")
        CASE M=ASC("X")
            M=ASC("B")
        CASE M=ASC("x")
            M=ASC("b")
        CASE M=ASC("Y")
            M=ASC("C")
        CASE M=ASC("y")
            M=ASC("c")
        CASE M=ASC("Z")
            M=ASC("D")
```

```
                CASE M=ASC("z")
                    M=ASC("d")
                OTHERWISE
**********SPACE**********
                   【?】
            ENDCASE
          P=P+CHR(M)
      ENDIF
      ENDFOR
      ? P
```

14. 1982 年我国第三次人口普查，结果全国人口为 10.3 亿，假如人口增长率为 5%。编写一个程序求在公元多少年总人口翻了一番。

```
P1=10.3
N=1
R=0.05
P2=P1*(1+R)
**********SPACE**********
DO WHILE P2<=【?】
**********SPACE**********
    N=【?】
**********SPACE**********
    P2=P2【?】(1+R)
ENDDO
N=1982+N
? N,"年人口总数翻了一番"
```

15. 先将字符串 S 中的字符按正序存放到 T 串中，然后把 S 中的字符按逆序连接到 T 串的后面。

```
**********SPACE**********
 【?】 "请输入一个串: " TO SS
T=""
T=T+SS
**********SPACE**********
FOR J= 【?】TO 1 STEP -1
**********SPACE**********
    T=T+【?】
ENDFOR
?"生成的新串为: ",T
```

16. 下面程序是计算 1+1+2+2+…+N+N 之和的平方根的程序。

```
INPUT TO N
**********SPACE**********
【?】
FOR I=1 TO N
**********SPACE**********
    S=【?】
ENDFOR
**********SPACE**********
?"结果是",【?】
```

17. 求 $T=1+2^1+2^2+2^3+\cdots\cdots+2^N$。

```
**********SPACE**********
【?】
**********SPACE**********
【?】 TO N
FOR I=0 TO N
**********SPACE**********
      T=T+【?】
ENDFOR
?"T 的值是:",T
```

18. 复制表 XSDA.dbf，生成新表 XS.dbf，在新表中查找所有男同学的记录，并将男同学的记录逻辑删除。

```
USE XSDA
**********SPACE**********
【?】
USE XS
LOCATE FOR 性别="男"
DO WHILE FOUND()
**********SPACE**********
   【?】
**********SPACE**********
   【?】
ENDDO
USE
```

19. 表 RSDA.dbf 结构为：姓名 C（6）；性别 C（2），年龄 N（2），出生日期 D（8）。判断表中是否有"李明"，查询此人的性别及年龄，确定参加运动会的项目。

```
USE RSDA
**********SPACE**********
【?】 FOR 姓名= "李明"
**********SPACE**********
IF .NOT. 【?】
  DO CASE
     CASE 性别= "男"
          ?"请参加爬山比赛"
     CASE 年龄<=50
          ?"请参加投篮比赛"
     CASE 年龄<=60
          ?"请参加老年迪斯科比赛"
**********SPACE**********
     【?】
ELSE
     ?"查无此人"
     BROWSE
ENDIF
USE
```

20. 共有 3 个表 tb1.dbf、tb2.dbf、tb3.dbf。下面程序功能是把每个表的首记录删除。

```
**********SPACE**********
【?】
DO WHILE N<=3
```

```
      TB="TB"+STR(N,1)
***********SPACE*********
    【?】
    GO TOP
***********SPACE*********
    【?】
    PACK
    N=N+1
ENDDO
```

21. 百马百担问题：有 100 匹马，驮 100 担货，大马驮 3 担，中马驮 2 担，两匹小马驮 1 担，求大、中、小马各多少匹。

```
FOR HB=0 TO 100
***********SPACE*********
  FOR HM=0 TO 100-【?】
***********SPACE*********
    HS=【?】
***********SPACE*********
      IF HB*3+HM*2+【?】=100
        ?"大马有: ",HB,"中马有: ",HM,"小马有: ",HS
      ENDIF
    ENDFOR
ENDFOR
```

22. 将字母转换成密码，转换规则是将当前字母变成其后的第三个字母，但 X 变成 A、Y 变成 B、Z 变成 C。小写字母的转换规则相同。

```
ACCEPT "请输入一个字符串: "TO PP
?PP
P=""
FOR I=1 TO LEN(PP)
***********SPACE*********
  M=【?】
***********SPACE*********
IF M<="Z" .AND. M>="A" 【?】 M>="a" AND M<="z"
  DO CASE
  CASE M="X"
    M="A"
  CASE M="x"
    M="a"
  CASE M="Y"
    M="B"
  CASE M="y"
    M="b"
  CASE M="Z"
    M="C"
  CASE M="z"
    M="c"
  OTHERWISE
***********SPACE*********
    M=【?】
    M=CHR(M)
```

```
      ENDCASE
        P=P+M
    ENDIF
  ENDFOR
  ?P
```

23. 企业发放的奖金根据利润提成。利润（I）低于或等于 10 万元时，奖金可提 10%；利润高于 10 万元，低于 20 万元时，低于 10 万元的部分按 10%提成，高于 10 万元的部分，可提成 7.5%；20 万到 40 万之间时，高于 20 万元的部分，可提成 5%；40 万到 60 万之间时高于 40 万元的部分，可提成 3%；60 万到 100 万之间时，高于 60 万元的部分，可提成 1.5%，高于 100 万元时，超过 100 万元的部分按 1%提成，从键盘输入当月利润 I，求应发放奖金总数？

```
  INPUT "请输入当月的利润:" TO I
  B1=100000*0.1
  B2=B1+100000*0.75
  B4=B2+200000*0.5
  B6=B4+200000*0.3
  B10=B6+400000*0.15
  DO CASE
    CASE I<=100000
  ***********SPACE**********
        B=I*【?】
    CASE I<=200000
        B=B1+(I-100000)*0.075
    CASE I<400000
        B=B2+(I-200000)*0.05
    CASE I<600000
        B=B4+(I-400000)*0.03
    CASE I<1000000
        B=B6+(I-600000)*0.015
  ***********SPACE**********
      【?】
        B=B10+(I-1000000)*0.01
    ENDCASE
  ***********SPACE**********
    ?"应发奖金总数为: ",  【?】
```

24. 请编写一个函数 FUN，它的功能是：删除字符串中的数字字符。例如输入字符串：48CTYP9E6，则输出：CTYPE。

```
  ACCEPT "请输入一个字符串: " TO SS
  ***********SPACE**********
  L=【?】
  P=''
  FOR I=1 TO L
  ***********SPACE**********
      IF SUBS(SS,I,1)>'9' 【?】 SUBS(SS,I,1)<'0'
  ***********SPACE**********
        P=P+【?】
      ENDIF
  ENDFOR
  ?'P=',P
```

25. 在歌星大奖赛中，有 10 个评委为参赛的选手打分，分数为 1~100 分。选手最后得分为：去掉一个最高分和一个最低分后其余 8 个分数的平均值。请编写一个程序实现。

```
DIME A(10)
INPUT "请为参赛的选手打分: " TO A(1)
MAX=A(1)
MIN=A(1)
**********SPACE**********
FOR I=【?】 TO 10
    INPUT TO A(I)
    IF MAX<A(I)
      MAX=A(I)
    ENDIF
    IF MIN>A(I)
      MIN=A(I)
    ENDIF
ENDFOR
S=0
FOR I=1 TO 10
**********SPACE**********
    S=S+【?】
ENDFOR
**********SPACE**********
?"选手最后得分为: ",【?】
```

26. 下面的程序是将"社会主义现代化"显示为"社 会 主 义 现 代 化"。

```
X="社会主义现代化"
**********SPACE**********
Y=【?】
**********SPACE**********
DO WHILE LEN(X)>=【?】
    Y=Y+SUBS(X,1,2)+' '
**********SPACE**********
    X=【?】
ENDDO
?Y
```

27. 下面 SQL 语句的功能是输出工资表中女同志奖金最低的 3 个人的名字。

```
**********SPACE**********
SELECT 姓名,奖金 FROM 工资表 【?】 性别='女' INTO CURSOR LSB
**********SPACE**********
SELECT 【?】 姓名 FROM LSB;
**********SPACE**********
 【?】 奖金
```

28. 在 SDB 数据库中含有 3 个表：

学生(学号 C(2),姓名 C(8),出生日期 D,性别 C(2),院系号 C(1))、

成绩(学号 C(2),课程号 C(2),成绩 N(5,1))、

课程(课程号 C(2),课程名 C(20),学时 N(2)，学分 N(2)，开课单位 C(20))。

在其中查询没有被学生选修的课程，查询结果含课程名和开课单位 2 个字段，结果按课程名升序保存在一个新表 NEW_TABLE 中。

```
**********SPACE*********
SELE 课程名,开课单位 【?】 课程 WHERE 课程号;
**********SPACE*********
【?】(SELE 课程号 FROM 成绩) ORDER BY 课程名;
**********SPACE*********
【?】 TABLE NEW_TABLE
```

29. 数据库与表和 28 题相同,在其中查询没有选课的学生,查询结果含学号、姓名和院系号 3 个字段,结果按学号降序保存在一个新表 NEW_TABLE 中。

```
**********SPACE*********
SELECT 学号,姓名,院系号 FROM 学生 【?】 学号;
**********SPACE*********
【?】(SELECT 学号 FROM 成绩);
**********SPACE*********
ORDER BY 学号 【?】 INTO TABLE NEW_TABLE
```

30. 数据库与表和 28 题相同,在其中查询每门课程的最高分,查询结果含课程名和最高分 2 个字段,结果按课程名降序保存在一个新表 NEW_TABLE 中。

```
**********SPACE*********
SELE 课程名,【?】 AS 最高分 FROM 课程,成绩;
**********SPACE*********
WHERE 课程.课程号=成绩.课程号【?】 成绩.课程号;
**********SPACE*********
ORDER BY 课程名 【?】 INTO TABLE NEW_TABLE
```

31. 创建表单实现输入圆半径,输出圆面积。半径文本框为 TEXT1,面积文本框为 TEXT2。均已设置成数值型,以下是"计算"按钮、"关闭"按钮的 Click 代码。

计算按钮 Click 代码:

```
**********SPACE*********
R=THISFORM.【?】
S=3.1415926*R*R
**********SPACE*********
THISFORM.【?】=S
```

关闭按钮 Click 代码:

```
**********SPACE*********
THISFORM.【?】
```

32. 表单实现判断素数的功能。文本框 TEXT1 已设置成数值型,TEXT2 中根据判断显示 YES 或 NO。以下是"判断"按钮、"关闭"按钮的 Click 代码。

判断按钮 Click 代码:

```
**********SPACE*********
N=THISFORM.【?】
FOR I=2 TO N-1
 IF N%I=0
**********SPACE*********
  【?】
 ENDIF
ENDFOR
IF I>N-1
 THISFORM.TEXT2.VALUE='YES'
ELSE
 THISFORM.TEXT2.VALUE='NO'
ENDIF
```

关闭按钮 Click 代码：

```
***********SPACE*********
THISFORM.【?】
```

33. 从键盘输入某设备的名称，在 SB 表中进行查找，如果找到显示其编号和价格，找不到时给出"无此设备"的提示。

```
***********SPACE*********
【?】
ACCE TO MC
***********SPACE*********
LOCA  FOR 名称=【?】
***********SPACE*********
IF 【?】
    DISP  编号,价格
ELSE
   ?"无此设备"  WINDOW
ENDIF
USE
```

34. 求出 1～100 之间的奇数积、偶数和。

```
***********SPACE*********
【?】
S2=1
FOR I=1 TO 100
***********SPACE*********
   IF 【?】
     S1=S1+I
   ELSE
***********SPACE*********
     S2=【?】
  ENDIF
NEXT
?"奇数积为:",S2
?"偶数和为:",S1
```

35. 在 XSDB.dbf 数据表中查找学生王迪，如果找到则显示：学号、姓名、英语，出生年月日，否则提示"查无此人！"。

```
***********SPACE*********
【?】
XM="王迪"
***********SPACE*********
【?】姓名=XM
IF FOUN()
***********SPACE*********
  【?】学号, 姓名, 英语,出生年月日
ELSE
  ? "查无此人! "
ENDIF
USE
```

36. 求 1～50 的累加和（S=1+2+3+…+50）并显示。

```
***********SPACE*********
【?】
```

```
I=1
**********SPACE**********
DO  WHILE 【?】
    H=H+I
**********SPACE**********
   【?】
ENDDO
?H
```

37. 求 0～100 之间的奇数之和，超出范围则退出。

```
X=0
Y=0
DO WHILE .T.
   X=X+1
   DO CASE
**********SPACE**********
   CASE 【?】
       LOOP
   CASE X>=100
**********SPACE**********
        【?】
    OTHERWISE
      Y=Y+X
  ENDCASE
**********SPACE**********
 【?】
?"0～100 之间的奇数之和为：", Y
```

38. 下面程序根据 XSDB.dbf 数据表中的计算机和英语成绩对奖学金做相应调整：双科 90 分以上（包括 90）的每人增加 30 元；双科 75 分以上（包括 75）的每人增加 20 元；其他人增加 10 元。

```
USE XSDB
**********SPACE**********
DO WHILE 【?】
   DO CASE
     CASE 计算机>=90.AND. 英语>=90
        REPLACE 奖学金 WITH 奖学金+30
     CASE 计算机>=75.AND. 英语>=75
        REPLACE 奖学金 WITH 奖学金+20
**********SPACE**********
       【?】
        REPLACE 奖学金 WITH 奖学金+10
    ENDCASE
**********SPACE**********
     【?】
ENDDO
USE
```

39. 显示输出图形：
```
      *
     ***
    *****
```
```
I=1
DO WHILE I<=3
```

```
  ?SPAC(10-I)
   J=1
   DO WHILE J<=2*I-1
**********SPACE**********
    【?】
**********SPACE**********
    【?】
   ENDDO
**********SPACE**********
 【?】
ENDDO
```

40. 对表 XSDB.dbf 中的计算机和英语都大于等于 90 分以上的学生奖学金进行调整：法律系学生奖学金增加 12 元、英语系学生奖学金增加 15 元、中文系学生奖学金增加 18 元，其他系学生奖学金增加 20 元。

```
USE XSDB
**********SPACE**********
 【?】
DO WHILE FOUN()
 DO CASE
   CASE 系别="法律"
        ZJ=12
   CASE 系别="英语"
        ZJ=15
   CASE 系别="中文"
        ZJ=18
**********SPACE**********
  【?】
        ZJ=20
 ENDCASE
   REPL 奖学金 WITH 奖学金+ZJ
**********SPACE**********
  【?】
ENDDO
USE
```

41. 实现：求 0～100 之间（包括 0 和 100）的奇数之和，超出范围则退出。

```
**********SPACE**********
STOR 0 TO 【?】
**********SPACE**********
DO WHIL【?】
    I=I+1
    IF MOD(I,2)!=0
**********SPACE**********
     【?】
    ENDIF
ENDDO
?S
```

42. 求 1～100 之间的奇数之和、偶数之和，并将奇数之和存入 S1、偶数之和存入 S2 显示输出。

```
I=1
STOR 0 TO S1,S2
```

```
DO WHIL I<=100
**********SPACE*********
     IF 【?】
          S1=S1+I
**********SPACE*********
     【?】
          S2=S2+I
     ENDIF
**********SPACE*********
     【?】
ENDO
?S1,S2
```

43. 找出 XSDB.dbf 中奖学金最高的学生记录并输出。

```
**********SPACE*********
 【?】
MAX=0
**********SPACE*********
DO WHILE 【?】
   IF MAX<奖学金
**********SPACE*********
     【?】
        JLH=RECN()
   ENDIF
   SKIP
ENDDO
?MAX
DISP FOR RECN()=JLH
USE
```

44. 显示输出如下图形：

```
     *****
     ***
     *
I=1
**********SPACE*********
DO WHILE 【?】
   J=1
   DO WHILE J<=7-2*I
**********SPACE*********
     【?】
     j=j+1
   ENDDO
**********SPACE*********
   【?】
   ?
ENDDO
```

45. 从读入的整数数据中，统计大于零的整数个数和小于零的整数个数。用输入零来结束输入，程序中用变量 I 统计大于零的整数个数，用变量 J 统计小于零的整数个数。

```
INPUT "输入整数: " TO N
**********SPACE*********
STORE 【?】 TO I,J
```

```
**********SPACE*********
DO WHILE 【?】
  IF N>0
     I=I+1
  ENDIF
  IF N<0
     J=J+1
  ENDIF
  INPUT "输入整数: " TO N
**********SPACE*********
【?】
  ?"I=",I
  ?"J=",J
```

46. 三角形的面积为: AREA=SQRT(S*(S–A)*(S–B)*(S–C)), 其中 S=(A+B+C)/2, A、B、C 为三角形三条边的长。

```
INPUT "A=" TO A
INPUT "B=" TO B
INPUT "C=" TO C
**********SPACE*********
【?】A+B>C  AND A+C>B AND B+C>C
   S=(A+B+C)/2
   AREA=SQRT(S*(S-A)*(S-B)*(S-C))
**********SPACE*********
   ?"AREA="【?】AREA
**********SPACE*********
【?】
   ?'不能构成三角形'
ENDIF
```

47. 输出 1 000 以内的所有完数及其因子。所谓完数是指一个整数的值等于它的真因子之和。例如 6 的真因子是 1、2、3, 而 6=1+2+3, 故 6 是一个完数。

```
DIME A(1000)
FOR I=1 TO 1000
   M=I
**********SPACE*********
   【?】
   K=1
   J=1
   DO WHILE J<M
        IF M%J=0
            S=S+J
            A(K)=J
            K=K+1
        ENDIF
        J=J+1
   ENDDO
**********SPACE*********
   IF  S!=0 【?】  S=M
     J=1
     ?'因子是: '
     DO WHILE J<K
```

```
        ?? A(J),' '
**********SPACE**********
        【?】
    ENDDO
    ?'完数是',I
    ?
  ENDIF
ENDFOR
```

48. 表单中有一个"输入学号"标签和相应的文本框,一个表格控件和两个命令按钮:标题分别为查询和退出。运行表单时,先在文本框中输入学号,单击查询按钮,表格控件中显示该生所选课程名和成绩,单击退出按钮关闭表单。相应的控件属性已经设置好,以下是命令按钮的 Click 代码。

查询按钮 Click 代码:

```
**********SPACE**********
THISFORM.GRID1.【?】='SELE 课程名,成绩 FROM COURSE,SCORE1;
WHERE COURSE.课程号=SCORE1.课程号 AND 学号=ALLTRIM(THISFORM.TEXT1.VALUE);
**********SPACE**********
INTO 【?】 T1'
```

退出按钮 Click 代码:

```
**********SPACE**********
THISFORM.【?】
```

49. 表单中有一个组合框,一个文本框和两个命令按钮:标题分别为统计和退出。运行表单时,组合框中只有 3 个条目:清华、北航和科学,选择某个后,单击统计按钮,文本框显示图书表中该出版社出版的图书总数。单击退出按钮关闭表单。相应的控件属性已经设置好,以下是统计按钮的 Click 代码。

```
**********SPACE**********
X=THISFORM.COMBO1.【?】
**********SPACE**********
SELECT COUNT(*) FROM BOOK WHERE 出版社=【?】;
**********SPACE**********
INTO 【?】 AA
THISFORM.TEXT1.VALUE=AA(1)
```

50. 表单中有有查询和退出两个命令按钮。表单运行时,单击查询按钮查询每门课程的最高分,查询结果中含有"课程名"和"最高分"两个字段,结果按课程名升序保存在 NEW_TABLE 中。以下是查询按钮的 Click 代码。

```
**********SPACE**********
SELE 课程名,MAX(成绩)【?】最高分 FROM COURSE,SCORE;
**********SPACE**********
WHERE COURSE.课程号=SCORE.课程号 GROUP BY 【?】;
**********SPACE**********
【?】课程名 INTO TABLE NEW_TABLE
```

3.3 程序改错题

注意

不可以增加或删除程序行,也不可以更改程序的结构。

1. 从键盘上输入 5 个数，统计其中奇数的个数。

```
A=0
FOR J=1 TO 5
**********FOUND*********
        ACCEPT "请输入第"+STR(J,2)+ "数" TO M
**********FOUND*********
        IF INT(M/2)=M/2
                A=A+1
        ENDIF
ENDFOR
**********FOUND*********
?奇数个数是,A
```

2. 查找 RSH.dbf 中女职工的最高工资，并显示其姓名和工资。

```
USE RSH
MGZ=0
DO WHILE .NOT.EOF()
***********FOUND*********
IF 性别="女",MGZ<"工资"
        MGZ=工资
        MXM=姓名
ENDIF
***********FOUND*********
CONT
ENDDO
?MXM,MGZ
USE
```

3. 求 X =1+2+3+…+100，并同时求出 1～100 之间的奇数之和 Y，而且显示输出这两个和。

```
STORE 0 TO I, X, Y
***********FOUND*********
DO WHILE I<=100
   I=I+1
   X=X+I
   IF I/2=INT(I/2)
***********FOUND*********
    EXIT
   ENDIF
   Y=Y+I
ENDDO
?X,Y
```

4. 在 RSH.dbf 中，查找职工赵红的工资，如果工资小于 200 元，则增加 100 元；如果工资大于等于 200 元且小于 500 元时，则增加 50 元；否则增加 20 元。最后显示赵红的姓名和工资。

```
USE RSH
***********FOUND*********
LOCATE FOR 姓名=赵红
DO CASE
    CASE 工资<200
        REPLACE 工资 WITH 工资+100
    CASE 工资<500
        REPLACE 工资 WITH 工资+50
```

```
       OTHERWISE
            REPLACE 工资 WITH 工资+20
ENDCASE
**********FOUND**********
LIST 姓名,工资
USE
```

5. 在学生信息.dbf 中，使用 SELECT 语句查询所有女生中入学成绩最低的 3 名同学的所有字段信息。学生信息.dbf（学号，姓名，性别，班级号，出生日期，入学成绩）。

```
**********FOUND**********
SELECT TOP 3 FROM 学生信息;
**********FOUND**********
WHERE 性别=女 ORDER BY 入学成绩
```

6. 本程序计算 1!×3!×9!的乘积。

```
M=1
**********FOUND**********
S=0
DO WHILE M<=9
        I=1
        P=1
**********FOUND**********
        DO WHILE M<=9
                P=P*I
                I=I+1
        ENDDO
        S=S*P
**********FOUND**********
        M=M+3
ENDDO
?"1!×3!×9!=",S
```

7. 键盘输入 X 值时，求其相应的 Y 值。

$$Y=\begin{cases} -1 \ (X<0) \\ 0 \ (X=0) \\ 1 \ (X>0) \end{cases}$$

```
**********FOUND**********
ACCEPT "请输入一个数: " TO X
**********FOUND**********
DO WHILE
                CASE X<0
                        Y=-1
                CASE X=0
                        Y=0
**********FOUND**********
                DEFAULT X>0
                        Y=1
ENDCASE
?Y
```

8. 从键盘输入一串汉字，将它逆向输出，并在每个汉字中间加一个"*"号。例如：输入"计算机考试"，应输出"试*考*机*算*计"。

```
ACCEPT TO A
**********FOUND*********
DO N=2 TO LEN(A)
**********FOUND*********
    ?? SUBSTR(A,LEN(A)-N,2)
    IF N#LEN(A)
**********FOUND*********
        ? "*"
    ENDIF
ENDFOR
```

9. 从键盘输入一个表名，打开该表文件，移动记录指针到文件头，输出当前记录号；再移动记录指针到文件尾，输出当前记录号。

```
ACCEPT TO A
**********FOUND*********
FIND A
GO TOP
**********FOUND*********
NEXT
? RECNO( )
GO BOTTOM
**********FOUND*********
NEXT -1
? RECNO( )
USE
```

10. 用循环程序计算 XSDB.dbf 中法律系学生的计算机平均成绩、英语平均成绩和奖学金总额。

```
USE XSDB
STORE 0 TO JSJ,YY,JXJ,RS
LOCA FOR 系别="法律"
***********FOUND*********
DO WHILE FIND()
    JSJ=JSJ+计算机
    YY=YY+英语
    JXJ=JXJ+奖学金
    RS=RS+1
    CONT
ENDDO
USE
***********FOUND*********
?JSJ,YY,JXJ
```

11. 将一串 ASCII 码字符"ABC123"逆序输出，显示为：321CBA。

```
S="ABC123"
?S+"的逆序为： "
***********FOUND*********
L=STR(S)
DO WHIL L>=1
    ??SUBS(S,L,1)
***********FOUND*********
    L=L+1
ENDO
```

12. 计算并显示输出数列 1，−1/2，1/4，−1/8，1/16…的前 10 项之和。

```
Y=0
STORE 1 TO I,C
**********FOUND**********
DO WHILE I<=10
    Y=Y+(-1)^(C+1)/I
**********FOUND**********
    I=-I*2
    C=C+1
**********FOUND**********
ENDIF
? "数列前 10 项之和为:",Y
```

13. 计算如下公式的值：S=1/2 + 1/8 + 1/18 + ... + 1/200。

```
S=0
**********FOUND**********
I=0
DO WHILE I<=10
**********FOUND**********
    S=S+1/2*I*I
**********FOUND**********
    SKIP
ENDDO
? "S=",S
```

14. 在学生信息.dbf 中，使用 SELECT 语句查询所有女生中入学成绩最低的 3 名同学的所有字段信息。学生信息.dbf（学号，姓名，性别，班级号，出生日期，入学成绩）。

```
**********FOUND**********
SELECT * TOP 3 FORM 学生信息;
**********FOUND**********
FOR 性别="女"  ORDER BY 入学成绩
```

15. 在学生信息.dbf 和班级表.dbf 中，使用 SELECT 语句统计各班级人数，要求输出班级号，班级名称，人数等信息。学生信息.dbf（学号，姓名，性别，班级号，出生日期，入学成绩），班级表.dbf（班级号，班级名称，所属院系）。

```
**********FOUND**********
SELE 班级表.班级号,班级名称,SUM(*) AS 人数 FROM 学生信息,班级表;
**********FOUND**********
WHERE 学生信息.学号=班级表.班级号 ORDER BY 班级表.班级号
```

16. 求 2!+4!+6!+…+10!的和。

```
S=0
**********FOUND**********
T=0
FOR N=2 TO 10
**********FOUND**********
    T=T*(T-1)
    IF N%2=0
**********FOUND**********
        S=S+N
    ENDIF
ENDFOR
?S
```

17. 从键盘输入一个表文件名，打开该表，查找姓名是"张三"的记录，并显示该记录，最后输出姓名是"张三"的记录个数。

```
ACCEPT TO A
USE &A
**********FOUND**********
N=1
SCAN FOR 姓名= "张三"
**********FOUND**********
     LIST
     N=N+1
ENDSCAN
**********FOUND**********
? 记录个数是,N
USE
```

18. 根据姓名查询 RSH.dbf 中的职工情况，如果有则显示该职工的工资和职称，否则显示"查无此人!"。

```
USE RSH
XM="赵红"
LOCATE FOR 姓名=XM
**********FOUND**********
IF BOF()
WAIT "查无此人!"
ELSE
**********FOUND**********
   ? "工资+职称"
ENDIF
USE
```

19. 用户选择菜单中的功能序号，程序将根据序号对数据表 XSDB.dbf 进行对应的操作。

```
USE XSDB
DO WHILE .T.
   ?" 1-追加记录  2-修改记录  3-显示记录  0-结束程序"
   INPUT "请选择(1,2,3,0):" TO ANS
**********FOUND**********
   IF ANS>=0.AND. ANS<=3
        WAIT "输入错误,按任意键重新输入! "
     LOOP
   ENDIF
   DO CASE
        CASE ANS=1
        APPE
        CASE ANS=2
        BROW
        CASE ANS=3
           LIST
        OTHERWISE
**********FOUND**********
     ?"结束!"
   ENDCASE
ENDDO
USE
```

20. 在 XSDB.dbf 中查找学生徐秋实的记录，如果找到则将该记录的系别、姓名两科科目名称和对应的成绩显示在屏幕上，否则显示"查无此人!"。

```
USE XSDB
***********FOUND**********
FIND FOR 姓名="徐秋实"
IF .NOT.FOUND()
?"查无此人!"
ELSE
***********FOUND**********
?系别,姓名, "计算机="+计算机, "英语="+英语
ENDIF
USE
```

21. 将 200～300 之间的所有能被 3 整除或被 5 整除的数求和并统计个数。

```
STORE 0 TO S,C
I=200
DO WHILE I<=300
***********FOUND**********
   IF INT(I/3)=INT(I/5)
      S=S+I
***********FOUND**********
      C=C+I
   ENDIF
   I=I+1
ENDDO
?"200～300 之间的所有能被 3 整除或被 5 整除的数之和="+STR(S,6)
?"200～300 之间的所有能被 3 整除或被 5 整除的数的个数="+STR(C,6)
```

22. 从键盘输入 10 个非零整数，统计能被 3 整除的数的个数。

```
STORE 0 TO I,A
***********FOUND**********
DO WHILE I<=10
INPUT "请输入一个整数:" TO N
***********FOUND**********
   IF INT(N/3)=0
      A=A+1
   ENDIF
   I=I+1
ENDDO
?A
```

23. 显示 XSDB.dbf 中每个学生的姓名、计算机成绩和等级。等级划分如下：计算机成绩大于等于 90 显示"优秀"；60 到 89（包括 60 和 89）之间显示"及格"；60 分以下显示"补考"。如显示：张丽娜　90　优秀。

```
USE XSDB
DO WHIL .NOT. EOF()
***********FOUND**********
   LIST 姓名,计算机
   DO CASE
      CASE 计算机>=90
            ??'优秀'
```

```
          CASE 计算机>=60
                ??'及格'
          OTHERWISE
                ??'补考'
      ENDCASE
**********FOUND**********
      GO NEXT
ENDDO
USE
```

24. 通过字符串变量操作先竖向显示"伟大祖国",再横向显示"祖国伟大"。

```
STORE "伟大祖国" TO XY
**********FOUND**********
N=0
DO WHILE N<8
   ?SUBS(XY,N,2)
    N=N+2
ENDDO
?
**********FOUND**********
??SUBS(XY,4,4)
??SUBS(XY,1,4)
```

25. 有一个字符串"ABC",将其插入 3 个数字转换为"A1B2C3"输出。

```
C1="ABC"
C2=""
FOR I=1 TO 3
**********FOUND**********
    A=SUBS(C1,I)
**********FOUND**********
    C2=C2+A+I
ENDFOR
?C2
```

26. 打开表 XSDB.dbf,统计姓张、姓王、姓李这 3 个姓的学生人数并显示。

```
USE XSDB
C=0
**********FOUND**********
LOCA 姓名="张".AND."王".AND."李"
DO WHILE FOUN()
   C=C+1
**********FOUND**********
   COUN
ENDDO
?C
USE
```

27. STUDENT.dbf 是一个学生信息文件,包含学号 C(8)、姓名 C(8)、性别 C(2)、政治面目 C(4)、班级 C(5)等字段;其中性别用字符串"男"或"女"表示,政治面目用字符串"党员"、"团员"或"群众"表示。程序的功能是:显示输出所有政治面目为"群众"的男生姓名和班级。

```
USE STUDENT
LOCATE FOR 政治面目="群众"
***********FOUND*********
DO WHILE .NOT. FOUND()
    IF 性别="女"
        CONTINUE
***********FOUND*********
        BREAK
    ENDIF
    ? 姓名,班级
***********FOUND*********
    SKIP
ENDDO
USE
```

28. 输入 10，计算 S=1+1+2+1+2+3+…+1+2+3+4+…+10，请在屏幕上输出结果。

```
***********FOUND*********
S=P=0
FOR I=1 TO 10
***********FOUND*********
    P=P-I
    S=S+P
ENDFOR
***********FOUND*********
? "P=",P
```

29. 表 XSDA.dbf 结构为：学号 C（6），姓名 C（6），性别 C（2），入学成绩 N（6，2）。本程序实现按学号查找记录，直到输入 "#" 为止。

```
USE XSDA
***********FOUND*********
ACCEPT "请输入要查找的学号" ON XH
DO WHILE XH!= "#"
***********FOUND*********
    LOCATE FOR 学号="CJ"
    IF FOUND()
        ?学号,姓名,入学成绩
    ELSE
        ? "无此学号"
    ENDIF
    ACCEPT "请继续输入要查找的学号" TO XH
***********FOUND*********
ENDFOR
?"谢谢使用本查找系统"
USE
```

30. 求 1+5+9+13+…+97 的和。

```
S=0
***********FOUND*********
N=0
DO WHILE N<=97
***********FOUND*********
    S=S+1
    N=N+4
```

```
**********FOUND**********
ENDWHILE
? S
```

31. 统计 RSH.dbf 中职称是教授、副教授、讲师和助教的人数。

```
USE RSH
**********FOUND**********
STORE 1 TO A, B, C, D
DO WHILE .NOT.EOF ( )
DO CASE
      CASE 职称="教授"
           A=A+1
      CASE 职称="副教授"
           B=B+1
      CASE 职称="讲师"
           C=C+1
      CASE 职称="助教"
           D=D+1
   ENDCASE
**********FOUND**********
   NEXT 1
ENDDO
USE
? A,B,C,D
```

32. 计算 S=1+3+5+…+99 的程序。

```
S=0
I=1
**********FOUND**********
DO I<=99
  S=S+I
**********FOUND**********
  I=I+1
ENDDO
?"S=",S
```

33. 打开 XSDB.dbf 数据表，分别统计男、女生的人数。

```
USE XSDB
STOR 0 TO B,G
DO WHILE .NOT.EOF()
**********FOUND**********
IF 性别<>男
      B=B+1
**********FOUND**********
OTHERWISE
      G=G+1
ENDIF
SKIP
ENDDO
?"男生人数是: "+STR(B)
?"女生人数是: "+STR(G)
```

34. 计算并在屏幕上显示出九九乘法表，显示格式如下：

$1 \times 1 = 1$

$2 \times 1 = 2 \quad 2 \times 2 = 4$

$3 \times 1 = 3 \quad 3 \times 2 = 6 \quad 3 \times 3 = 9$

…… …… …… ……

$9 \times 1 = 9 \quad \cdots \quad 9 \times 8 = 72 \quad 9 \times 9 = 81$

```
X=1
DO WHILE X<=9
    Y=1
***********FOUND**********
    DO WHILE Y<=9
      ??STR(X,1)+"×"+STR(Y,1)+"="+STR(X*Y,2)+"  "
      Y=Y+1
    ENDDO
***********FOUND**********
    DISP
    X=X+1
ENDDO
```

35. 在 XSDB.dbf 表中统计法律和中文两个系的总人数和奖学金总额。

```
USE XSDB
STORE 0 TO R,S
DO WHILE .T.
***********FOUND**********
    IF 系列="法律".AND.系列="中文"
       STORE S+奖学金 TO S
       R=R+1
    ENDIF
    SKIP
***********FOUND**********
    IF .NOT.FOUN()
       EXIT
    ENDIF
ENDDO
?S, R
USE
```

36. 计算 1!+3!+9!的结果并输出。

```
M=1
S=0
DO WHILE M<=9
    STOR 1 TO I,P
***********FOUND**********
    DO WHILE I>M
            P=P*I
            I=I+1
    ENDDO
    S=S+P
***********FOUND**********
    M=M+3
```

```
ENDDO
? "1!+3!+9!=",S
```

37. 从键盘输入一个数 X，当 X 大于 0、Y 的值为 1；当 X 等于 0、Y 的值为 0；当 X 小于 0、Y 的值为–1，然后输出 Y 的值。

```
INPUT "输入一个数 X: " TO X
***********FOUND*********
IF X>0
   IF X>0
      Y=1
   ELSE
      Y=0
   ENDIF
ELSE
      Y=-1
ENDIF
***********FOUND*********
?"Y=Y"
```

38. 计算出 1 到 50 以内（包含 50）能被 2 和 3 整除的数之和。

```
STOR 0 TO X ,Y
***********FOUND*********
DO WHILE NOT EOF()
   X=X+1
   DO CASE
      CASE MOD(X,2)=0 AND MOD(X,3)=0
           Y=Y+X
      CASE X<=50
***********FOUND*********
           X=X+1
      CASE X>50
           EXIT
   ENDCASE
ENDDO
?Y
```

39. 从键盘上输入 5 个数，将其中奇数求和，偶数求积。

```
S1=0
***********FOUND*********
S2=0
FOR I=1 TO 5
      INPUT "请输入第"+STR(I,1)+ "数" TO M
***********FOUND*********
      IF INT(M/2)=0
         S1=S1+M
      ELSE
         S2=S2*M
      ENDIF
ENDFOR
?"奇数和是",S1
?"偶数积是",S2
```

40. 分别统计化学系的男、女生总人数并显示出来。

```
USE XSDB
```

```
STOR 0 TO RS1,RS2
**********FOUND**********
FIND FOR 系列="化学"
DO WHILE .NOT.EOF()
**********FOUND**********
    IF 性别<>"男"
            RS1=RS1+1
    ELSE
            RS2=RS2+1
    ENDIF
    CONT
ENDDO
?"男生人数=",RS1
?"女生人数=",RS2
USE
```

41. 打印由数字组成的图形,要求第一行空 10 个空格打印 5 个 1，第二行空 11 个空格打印 5 个 2…，图形如下：

```
        11111
         22222
          33333
           44444
            55555
```

```
FOR I=1 TO 5
**********FOUND**********
    ?SPAC(9-I)
    FOR J=1 TO 5
**********FOUND**********
        ??STR(J,1)
    ENDFOR
ENDFOR
```

42. 登录表单有用户名和口令两个文本框和一个"确定"命令按钮，单击"确定"按钮，判断输入的用户名和口令是否正确，正确则调用 MAIN.scx 表单文件，否则给 3 次输入机会，超过 3 次关闭登录表单。在表单 Load 事件代码中已设置全局变量 NUM 初值为 0。"确定"按钮的 Click 代码如下：

```
IF UPPE(THISFORM.TEXT1.VALUE)='ABC' AND THISFORM.TEXT2.VALUE='123'
    MESSAGEBOX( '欢迎使用',0+64)
**********FOUND**********
    DO MAIN
ELSE
    NUM=NUM+1
    IF NUM=3
        MESSAGEBOX('用户名或口令不对，登录失败!',0+48)
**********FOUND**********
        THISFORM.REFRESH
    ELSE
        MESSAGEBOX('用户名或口令不对，请重输',0+48)
    ENDIF
ENDIF
```

43. 表单的文本框 TEXT1 中输入原英文字符串，单击"逆序"命令按钮后，在文本框 TEXT2 中显示逆序的字符串，"逆序"命令按钮的 Click 代码如下：

```
SS=ALLTRIM(THISFORM.TEXT1.VALUE)
**********FOUND*********
T=0
L=LEN(SS)
**********FOUND*********
FOR I=L TO 1
 T=T+SUBS(SS,I,1)
ENDFOR
THISFORM.TEXT2.VALUE=T
```

44. 表单中有一个编辑框 EDIT1，其中显示 10 行 10 列的二维矩阵，该矩阵两条对角线上元素都是 1，其余元素都是 0。表单的 Init 事件代码如下：

```
DIME A(10,10)
FOR N=1 TO 10
  FOR M=1 TO 10
**********FOUND*********
      IF N=M AND N=11-M
      A(N,M)=1
    ELSE
      A(N,M)=0
    ENDIF
  ENDFOR
ENDFOR
S=''
FOR N=1 TO 10
  FOR M=1 TO 10
    S=S+STR(A(N,M),3)
  ENDFOR
  S=S+CHR(13)
ENDFOR
**********FOUND*********
 THISFORM.EDIT1.CAPTION=S
```

3.4 程序设计题

1. 运行时从键盘输入三角形的边长，输入边长满足两边之和大于第三边，且为正值，计算并输出三角形的面积 S，若不满足以上条件，显示输出"不能构成三角形"。将面积值存入变量 AREA 中。

```
INPUT TO A
INPUT TO B
INPUT TO C
? "三角形面积为",FUN(A,B,C)
FUNCTION FUN(a,b,c)
AREA=-1
**********Program*********



********** End **********
RETURN AREA
```

2. 编程求 $P=1 \times (1 \times 2) \times (1 \times 2 \times 3) \times \cdots \times (1 \times 2 \times \cdots \times N)$，$N$ 由键盘输入，将结果存入变量 OUT 中。

```
INPUT "请任意输入一个数字:" TO N
?FUN(N)
FUNCTION FUN(N)
OUT=-1
**********Program**********




********** End **********
RETURN OUT
```

3. 将 10～50 之间(含 10 和 50)所有能被 7 整除的数的和存入变量 OUT 中。要求用 DO WHILE…ENDDO 语句实现。

```
OUT=-1
**********Program**********




********** End **********
```

4. 输出下面图形，要求使用双重循环语句，并将第三行的所有字符存入变量 S 中。

```
        *
        **
        ***
        ****
S=""
**********Program**********




********** End **********
```

5. 从键盘任意输入的 3 个数按从大到小排序，排序后存入变量 A，B，C 中。

```
A=-1
B=-1
C=-1
INPUT "X=" TO X
INPUT "Y=" TO Y
INPUT "Z=" TO Z
FUN(X,Y,Z)
FUNCTION FUN(X,Y,Z)
**********Program**********




********** End **********
RETURN
```

6. 判断整数 N 是否为质数（只能被 1 和本身整除的数），如果是质数则函数返回 1，否则函数返回 0，并将函数返回值赋值给变量 OUT。

```
?FUN(79)
FUNCTION FUN(N)
OUT=-1
*********Program*********



********* End *********
RETURN OUT
```

7. 计算并在屏幕上显示直角三角形"九九"乘法表。显示格式如下：

$$1×1=1$$
$$1×2=2\ 2×2=4$$
$$1×3=3\ 2×3=6\ 3×3=9$$
$$…$$

将各部分的结果相加（1+2+4+3+6+9+…+81）存入变量 Z 中。

```
Z=0
*********Program*********



********* End *********
```

8. 求 1～200 之间（含 1 和 200）的所有偶数的和，结果存入变量 OUT 中。

```
OUT=-1
*********Program*********



********* End *********
```

9. 编一程序打印一个数列，前两个数是 0、1，第三个数是前两个数之和，以后的每个数都是其前两个数之和。求出此数列第 20 个数，将结果存入变量 OUT 中。

```
OUT=-1
*********Program*********



********* End *********
```

10. 判断一个 3 位数 N 是否为"水仙花数"，并输出判断结果。是为 1，否为 0，将结果存入变量 OUT 中。所谓"水仙花数"是指一个 3 位数，其各位数字立方和等于该数本身。

```
OUT=-1
INPUT TO N
```

```
**********Program**********



********** End **********
```

11. 编程求数组 ARRAY 的 10 个元素中最大值和最小值的和，将结果存入变量 OUT 中。

```
DIME ARRAY(10)
ARRAY(1)=10
ARRAY(2)=3
ARRAY(3)=6
ARRAY(4)=96
ARRAY(5)=4
ARRAY(6)=23
ARRAY(7)=35
ARRAY(8)=67
ARRAY(9)=12
ARRAY(10)=88
OUT=-1
**********Program**********



********** End **********
```

12. 编程求出并显示 3!+4!+5!的值，将结果存入变量 OUT 中。

```
OUT=-1
**********Program**********



********** End **********
```

13. 求 3～20 之间（含 3 和 20）所有的素数（素数是只能被 1 和本身整除的数）之和，将结果存入变量 Y 中。

```
Y=-1
**********Program**********



********** End **********
```

14. 利用循环程序输出图形，并将第三行字符串存入变量 S 中。

```
        1
       222
      33333
     4444444
S=""
```

```
**********Program*********



********** End **********
```

15. 编程计算如下表达式的值：y=1-1/3 + 1/5-1/7 + 1/9。要求使用 FOR…ENDFOR 语句来完成，将结果存入变量 OUT 中。

```
OUT=-1
**********Program*********




********** End **********
```

16. 编程计算如下表达式的值：y=1-1/2+1/4-1/6+1/8-1/10。要求使用 FOR…ENDFOR 语句来完成，将结果存入变量 OUT 中。

```
OUT=-1
**********Program*********




********** End **********
```

17. 编程求一组数中大于平均值的数的个数，将结果存入变量 OUT 中。

```
DIME ARRAY(10)
ARRAY(1)=1
ARRAY(2)=3
ARRAY(3)=6
ARRAY(4)=9
ARRAY(5)=4
ARRAY(6)=23
ARRAY(7)=35
ARRAY(8)=67
ARRAY(9)=12
ARRAY(10)=88
OUT=-1
**********Program*********




********** End **********
```

18. 编程求 sum=3+33+333+3333+33333 的值，将结果存入变量 OUT 中。要求使用 FOR…ENDFOR 语句来完成。

```
OUT=-1
```

*********Program*********

********* End *********

19. 编程求 sum=3−33+333−3333+33333 的值,将结果存入变量 OUT 中。要求使用 FOR...ENDFOR 语句来完成。

OUT=−1

*********Program*********

********* End *********

20. 编程求 P=1−1/(2×2)+1/(3×3)−1/(4×4)+1/(5×5),将结果存入变量 OUT 中。要求使用 FOR...ENDFOR 语句求解。

OUT=−1

*********Program*********

********* End *********

3.5 参 考 答 案

一、单选题

1. B	2. C	3. D	4. A	5. C	6. C	7. C	8. B	9. C	10. A
11. A	12. B	13. B	14. A	15. D	16. D	17. B	18. D	19. A	20. A
21. C	22. D	23. B	24. D	25. C	26. B	27. C	28. B	29. D	30. D
31. C	32. D	33. C	34. C	35. A	36. B	37. A	38. B	39. A	40. A
41. C	42. A	43. D	44. C	45. B	46. B	47. B	48. C	49. D	50. D
51. A	52. C	53. C	54. B	55. D	56. A	57. C	58. B	59. C	60. A
61. A	62. C	63. D	64. A	65. B	66. C	67. A	68. B	69. C	70. C
71. C	72. C	73. B	74. C	75. D	76. B	77. B	78. A	79. C	80. B
81. B	82. C	83. C	84. A	85. B	86. B	87. B	88. C	89. D	90. C
91. B	92. D	93. C	94. A	95. D	96. C	97. C	98. B	99. B	100. C
101. C	102. A	103. D	104. B	105. B	106. A	107. D	108. B	109. B	110. B
111. C	112. A	113. D	114. B	115. B	116. B	117. A	118. A	119. D	120. C
121. B	122. C	123. A	124. D	125. D	126. C	127. C	128. C	129. A	130. B
131. D	132. D	133. C	134. D	135. B	136. A	137. B	138. C	139. C	140. C

141. C　142. A　143. A　144. D　145. B　146. A　147. C　148. A　149. A　150. A

151. A　152. B　153. D　154. D　155. B　156. D　157. B　158. B　159. B　160. A

161. D　162. B　163. B　164. D　165. B　166. D　167. D　168. D　169. A　170. B

171. C　172. A　173. C　174. A　175. C　176. C　177. A　178. B　179. D　180. B

181. B　182. B　183. C　184. D　185. B　186. B　187. B　188. B　189. B　190. A

191. A　192. A　193. C　194. A　195. A　196. C　197. D　198. C　199. D　200. C

201. B　202. A　203. C　204. C　205. C　206. D　207. A　208. A　209. A　210. C

211. C　212. A　213. B　214. C　215. B　216. B　217. B　218. A　219. C　220. A

221. B　222. A　223. D　224. C　225. C　226. D　227. D　228. C　229. C　230. A

231. B　232. C　233. D　234. C　235. D　236. C　237. D　238. A　239. C　240. D

241. B　242. A　243. D　244. C　245. D　246. D　247. C　248. D　249. C　250. A

251. B　252. B　253. C　254. C　255. B　256. A　257. A　258. C　259. B　260. D

261. A　262. B　263. B　264. A　265. D　266. A　267. A　268. C　269. C　270. C

271. A　272. B　273. C　274. A　275. B　276. C　277. D　278. A　279. B　280. D

281. D　282. B　283. A　284. C　285. C　286. A　287. A　288. C　289. C　290. B

291. A　292. B　293. C　294. C　295. A　296. C　297. C　298. B　299. A　300. C

二、程序填空题

1. S=0　　　　　STEP 2　　　　S　　　2. USE XSDB　　NOT EOF()　　SKIP

3. USE XSDB　　SKIP　　　　　EXIT　　4. N<=600　　　GS=GS+1　　　N=N+1

5. XM=姓名　　　XM=姓名　　　SKIP　　6. I=1　　　　　X<M　　　　　I=I+1

7. S=0　　　　　I,6　　　　　ENDIF　8. XM2=姓名　　XM1　　　　　GO TOP

9. ?　　　　　　FOR M=1 TO N　STR(N*M,2)

10. NOT EOF()　SKIP　　　　　GO NN　11. 3　　　　　"TB"+STR(N,1)　N=N+1

12. HB　　　　　100-HB-HM　　HS/3　13. LEN(PP)　　OR　　　　　　M=M+4

14. 2*P1　　　　N+1　　　　　*　　　15. ACCEPT　　　LEN(SS)　　　SUBS(SS,J,1)

16. S=0　　　　　S+2*I　　　SQRT(S)　17. T=0　　　　　INPUT　　　　2^I

18. COPY TO XS　DELETE　　　CONTINUE　19. LOCATE　　EOF()　　　　ENDCASE

20. N=1　　　　　USE &TB　　DELE　21. HB　　　　　100-HB-HM　　HS/2

22. SUBS(PP,I,1)　OR　　　　ASC(M)+3　23. 0.1　　　　　OTHERWISE　　B

24. LEN(SS)　　　OR　　　SUBS(SS,I,1)　25. 2　　　　　　A(I)　　(S-MAX-MIN)/8

26. ""　　　　　　2　　　　　SUBS(X,3)　27. WHERE　　　TOP 3　　　ORDER BY

28. FROM　　　　NOT IN　　　INTO　29. WHERE　　　NOT IN　　　DESC

30. MAX(成绩)　　GROUP BY　　DESC　31. TEXT1.VALUE　TEXT2.VALUE RELEASE

32. TEXT1.VALUE　EXIT　　　RELEASE　33. USE SB　　　MC　　　　　FOUND()

34. S1=0　　　　I%2=0　　　S2*I　35. USE XSDB　　LOCATE FOR　DISPLAY

36. H=0　　　　　I<=50　　　I=I+1　37. X%2=0　　　EXIT　　　　ENDDO

38. NOT EOF()　OTHERWISE SKIP　39. ?? "*"　　　J=J+1　　　　I=I+1

40. LOCATE FOR 计算机>=90 AND 英语>=90   OTHERWISE   CONTINUE
41. I,S   I<100   S=S+I   42. I%2!=0   ELSE   I=I+1
43. USE XSDB   NOT EOF()   MAX=奖学金   44. I<4   ?? "*"   I=I+1
45. 0   N!=0   ENDDO   46. IF   ,   ELSE
47. S=0   AND   J=J+1   48. RECORDSOURCE   CURSOR   RELEASE
49. VALUE   X   ARRAY   50. AS   COURSE.课程号   ORDER BY

三、程序改错题

1. INPUT "请输入第"+STR(J,2)+ "数" TO M   IF INT(M/2)!=M/2   ? "奇数个数是",A
2. IF 性别="女" AND MGZ<工资   SKIP
3. DO WHILE I<100   LOOP
4. LOCATE FOR 姓名="赵红"   DISP 姓名,工资
5. SELECT * TOP 3 FROM 学生信息;   WHERE 性别="女" ORDER BY 入学成绩
6. S=1   DO WHILE I<=M   M=M*3
7. INPUT "请输入一个数：" TO X   DO CASE   OTHERWISE
8. FOR N=2 TO LEN(A) STEP 2   ??SUBSTR(A,LEN(A)−N+1,2)   ?? "*"
9. USE &A   SKIP −1   SKIP
10. DO WHILE NOT EOF()   ?JSJ/RS,YY/RS,JXJ
11. L=LEN(S)   L=L−1
12. DO WHILE C<=10   I=I*2   ENDDO
13. I=1   S=S+1/(2*I*I)   I=I+1
14. SELECT * TOP 3 FROM 学生信息 ;   WHERE 性别="女" ORDER BY 入学成绩
15. SELE 班级表.班级号,班级名称,COUNT(*) AS 人数 FROM 学生信息,班级表;
WHERE 学生信息.班级号=班级表.班级号 ORDER BY 班级表.班级号
16. T=1   T=T*N   S=S+T
17. N=0   DISP   ? "记录个数是",N
18. IF EOF()   ?工资,职称
19. IF ANS<0 OR ANS>3   EXIT
20. LOCATE FOR 姓名="徐秋实"   ?系别,姓名, "计算机=",计算机, "英语=",英语
21. IF INT(I/3)=I/3 OR INT(I/5)=I/5   C=C+1
22. DO WHILE I<10   IF MOD(N,3)=0
23. DISP 姓名,计算机   SKIP
24. N=1   ??SUBS(XY,5,4)
25. A=SUBS(C1,I,1)   C2=C2+A+STR(I,1)
26. LOCA FOR 姓名="张" OR 姓名="王" OR 姓名="李"   CONTINUE
27. DO WHILE FOUND()   LOOP   CONTINUE
28. STORE 0 TO S,P   P=P+I   ?? "S=",S
29. ACCEPT "请输入要查找的学号" TO XH   LOCATE FOR 学号=XH   ENDDO

30. N=1　　　　　　　　　　　　S=S+N　　　　　　　　　ENDDO

31. STORE　0　TO　A , B , C , D　　　SKIP

32. DO WHILE I<=99　　　　　　　I=I+2

33. IF 性别='男'　　　　　　　　　ELSE

34. DO WHILE Y<=X　　　　　　　?

35. IF 系别="法律" OR 系别="中文"　　IF EOF()

36. DO WHILE I<=M　　　　　　　M=M*3

37. IF X>=0　　　　　　　　　　? "Y=",Y

38. DO WHILE .T.　　　　　　　　LOOP

39. S2=1　　　　　　　　　　　　IF MOD(M,2)!=0

40. LOCATE　FOR 系别="化学"　　　IF 性别="男"

41. ?SPAC(9+I)　　　　　　　　　??STR(I,1)

42. DO FORM MAIN　　　　　　　THISFORM.RELEASE

43. T=""　　　　　　　　　　　　FOR I=L TO 1 STEP −1

44. IF N=M OR N=11−M　　　　　THISFORM.EDIT1.VALUE=S

四、程序设计题

1.
```
IF A+B>C AND A+C>B AND B+C>A
   S=(A+B+C)/2
   AREA=SQRT(S*(S-A)*(S-B)*(S-C))
ELSE
   ?'不能构成三角形'
ENDIF
```

2.
```
FN=1
F=1
FOR K=1 TO N
 F=F*K
 FN=FN*F
ENDFOR
OUT=FN
```

3.
```
S=0
K=10
DO WHILE K<=50
  IF K%7=0
    S=S+K
  ENDIF
  K=K+1
ENDDO
OUT=S
?OUT
```

4.
```
FOR J=1 TO 4
  FOR K=1 TO J
```

```
        ??"*"
     ENDFOR
     ?
  ENDFOR
  S="***"
```

5.
```
  IF X<Y
   T=X
   X=Y
   Y=T
  ENDIF
  IF X<Z
   T=X
   X=Z
   Z=T
  ENDIF
  IF Y<Z
   T=Y
   Y=Z
   Z=T
  ENDIF
  A=X
  B=Y
  C=Z
  ?A,B,C
```

6.
```
  FOR K=2 TO N-1
    IF N%K=0
      EXIT
    ENDIF
  ENDFOR
  IF K>N-1
   OUT=1
  ELSE
   OUT=0
  ENDIF
```

7.
```
  FOR J=1 TO 9
    FOR K=1 TO J
      ??STR(J,1)+'*'+STR(K,1)+'='+STR(J*K,2)+' '
      Z=Z+J*K
    ENDFOR
    ?
  ENDFOR
  ?Z
```

8.
```
  S=0
  FOR K=1 TO 200
    IF K%2=0
      S=S+K
    ENDIF
```

```
    ENDFOR
    OUT=S
    ?OUT
```

9.
```
    DIME A(20)
    A(1)=0
    A(2)=1
    FOR K=3 TO 20
       A(K)=A(K-1)+A(K-2)
    ENDFOR
    OUT=A(20)
    ?OUT
```

10.
```
    BW=INT(N/100)
    SW=INT((N-BW*100)/10)
    GW=N%10
    IF BW^3+SW^3+GW^3=N
       OUT=1
    ELSE
       OUT=0
    ENDIF
    ?OUT
```

11.
```
    MMAX=ARRAY(1)
    MMIN=ARRAY(1)
    FOR K=2 TO 10
      IF ARRAY(K)>MMAX
         MMAX=ARRAY(K)
      ENDIF
      IF ARRAY(K)<MMIN
         MMIN=ARRAY(K)
      ENDIF
    ENDFOR
    OUT=MMAX+MMIN
    ?OUT
```

12.
```
    S=0
    F=1
    FOR K=1 TO 5
      F=F*K
      IF K>=3
        S=S+F
      ENDIF
    ENDFOR
    OUT=S
    ?OUT
```

13.
```
    S=0
    FOR J=3 TO 20
```

```
    FOR  K=2  TO  J-1
      IF  J%K=0
         EXIT
      ENDIF
    ENDFOR
    IF  K>J-1
      S=S+J
    ENDIF
  ENDFOR
  Y=S
  ?Y
```

14.
```
  FOR  J=1  TO  4
    ?SPACE(4-J)
    FOR  K=1  TO  2*J-1
      ??STR(J,1)
    ENDFOR
  ENDFOR
  S="33333"
```

15.
```
  S=0
  F=-1
  FOR  K=1  TO  9  STEP  2
    F=-F
    S=S+F/K
  ENDFOR
  OUT=S
  ?OUT
```

16.
```
  S=1
  F=1
  FOR  K=2  TO  10  STEP  2
    F=-F
    S=S+F/K
  ENDFOR
  OUT=S
  ?OUT
```

17.
```
  S=0
  N=0
  FOR  K=1  TO  10
   S=S+ARRAY(K)
  ENDFOR
  PJ=S/10
  ?PJ
  FOR  K=1  TO  10
   IF  ARRAY(K)>PJ
     N=N+1
   ENDIF
  ENDFOR
  OUT=N
  ?OUT
```

18.
```
S=0
T=0
FOR K=1 TO 5
 T=T*10+3
 S=S+T
ENDFOR
OUT=S
?OUT
```

19.
```
S=0
T=0
F=-1
FOR K=1 TO 5
 F=-F
 T=T*10+3
 S=S+F*T
ENDFOR
OUT=S
?OUT
```

20.
```
S=0
F=-1
FOR K=1 TO 5
 F=-F
 S=S+F/(K*K)
ENDFOR
OUT=S
?OUT
```

程序设计模拟试卷（上机试卷及答案）

4.1　模拟试卷（一）

一、基本操作题（共 4 小题，第 1 和第 2 题各 7 分、第 3 和第 4 题各 8 分，计 30 分）

在考生文件夹下，打开 Ecommerce 数据库，完成如下操作：

1. 首先打开 Ecommerce 数据库，然后为表 Customer 增加一个字段，字段名为 email、类型为字符型、宽度为 20。

2. 为 Customer 表的"性别"字段定义有效性规则，规则表达式为：性别$"男女"，出错提示信息为"性别必须是男或女"，默认值为"女"。

3. 通过"会员号"字段建立客户表 Customer 和订单表 OrderItem 之间的永久联系；通过"商品号"字段建立商品表 Article 和订单表 OrderItem 之间的永久联系。

4. 为以上建立的联系设置参照完整性约束：更新规则为"级联"；删除规则为"限制"；插入规则为"限制"。

二、简单应用（共 2 小题，每题 20 分，计 40 分）

在考生文件夹下，打开 Ecommerce 数据库，完成如下简单应用：

1. 使用 SQL 命令查询 Customer 数据表中"电话"字段的首字符是"6"、性别为"女"的会员信息，列出姓名、年龄和电话，查询结果按年龄升序排序存入表 temp_cus.dbf 中，SQL 命令存入文本文件 temp_sql.txt 中。

2. 使用命令建立一个名称为 sb_view 的视图，并将定义视图的命令代码存放到命令文件 pview.prg 中。视图中包括客户的会员号（来自 Customer 表）、姓名（来自 Customer 表）、客户所购买的商品名（来自 Article 表）、单价（来自 OrderItem 表）、数量（来自 OrderItem 表）和金额（OrderItem.单价*OrderItem.数量），结果按会员号升序排序。

三、综合应用（计 30 分）

在考生文件夹下，打开 Ecommerce 数据库，完成如下综合应用（所有控件的属性必须在表单设计器的属性窗口中设置）：

首先利用报表向导生成报表文件 myreport，包含客户表 Customer 中的全部字段，报表标题为"客户信息"，其他各项均设为默认值。

然后设计一个文件名和表单名均为 myform 的表单，表单标题为"客户基本信息"。要求该表单上有"女客户信息"（Command1）、"客户购买商品情况"（Command2）、"输出客户信息"

（Command3）和"退出"（Command4）4 个命令按钮。

各命令按钮功能如下：

（1）单击"女客户信息"按钮，使用 SQL 的 SELECT 命令查询客户表 Customer 中"女"客户的全部信息。

（2）单击"客户购买商品情况"按钮，使用 SQL 的 SELECT 命令查询简单应用中创建的 sb_view 视图中的信息。

（3）单击"输出客户信息"按钮，在屏幕上预览 myreport 报表文件的内容。

（4）单击"退出"按钮，关闭表单。

4.2　模拟试卷（二）

一、基本操作题（共 4 小题，第 1 和第 2 题各 7 分、第 3 和第 4 题各 8 分，计 30 分）

在考生文件夹下完成下列操作：

1. 利用快捷菜单设计器创建一个弹出式菜单 one（如图 4-1 所示），菜单有两个选项，分别为"增加"和"删除"，两个选项之间用分组线分隔。

图 4-1　创建的快捷菜单

2. 创建一个快速报表 app_report，报表中包含了"评委表"中的所有字段。

3. 建立一个数据库文件"大奖赛.dbc"，并将"歌手表"、"评委表"和"评分表"3 个自由表添加到该数据库中。

4. 使用 SQL 的语句 ALTER TABLE 命令为"评委表"的"评委编号"字段增加有效性规则：评委编号的最左边两位字符是 11（使用 LEFT 函数），并将该 SQL 语句存储在 three.prg 中，否则不得分。

二、简单应用（共 2 小题，每题 20 分，计 40 分）

在考生文件夹下完成下列操作：

1. 建立一个文件名和表单名均为 two 的表单，然后为表单 two 建立一个名为 quit 的新方法（单击该表单后，选择"表单"菜单下的"新建方法程序"命令），并在该方法中写一条语句 Thisform.Release；最后向表单中添加一个命令按钮（Command1），并在该命令按钮的 Click 事件中写一条调用新方法 quit 的语句。

2. 使用 SQL 语句计算每个歌手的最高分、最低分和平均分，并将结果存储到 result.dbf 表中（包含歌手姓名、最高分、最低分和平均分 4 个字段），要求结果按平均分降序排序。

> **注　意**
>
> 按歌手姓名分组；每个歌手的最高分、最低分和平均分由评分表中的"分数"字段计算得出。

三、综合应用（计 30 分）

在考生文件夹下完成下列操作：

建立一个表单名和文件名均为 myform 的表单（如图 4-2 所示）。表单的标题是"评委打分情况"，表单中有两个命令按钮（Command1 和 Command2）和两个单选按钮（Option1 和 Option2）。

Command1 和 Command2 的标题分别是"生成表"和"退出", Option1 和 Option2 的标题分别是 "按评分升序" 和 "按评分降序"。

为 "生成表" 命令按钮编写程序, 程序的功能是根据简单应用题生成的 result.dbf 表按指定的排序方式生成新的表, 选择 "按评分升序" 单选按钮时, 依次按最高分、最低分和平均分 3 个字段升序排序生成表 six_a, 选择 "按评分降序" 单选按钮时, 依次按最高分、最低分和平均分 3 个字段降序排序生成表 six_d。

图 4-2　"myform" 表单

运行表单, 选择 "按评分升序" 单选按钮, 单击 "生成表" 命令按钮; 再选择 "按评分降序" 单选按钮, 单击 "生成表" 命令按钮 (注意必须执行)。

4.3　模拟试卷（三）

一、基本操作题（共 4 小题, 第 1 和第 2 题各 7 分、第 3 和第 4 题各 8 分, 计 30 分）

在考生文件夹下完成下列操作:

1. 建立项目 "超市管理", 并把 "商品管理" 数据库加入到该项目中。

2. 为商品表增加字段: 销售价格 N（6, 2）, 该字段允许出现 "空" 值, 默认值为 .NULL.。

3. 为 "销售价格" 字段设置有效性规则: 销售价格>=0; 出错提示信息是 "销售价格必须大于等于零"。

4. 用报表向导为商品表创建报表: 报表中包括商品表中全部字段, 报表样式为 "经营式", 报表中数据按商品编码升序排列, 报表文件名 report_a.frx。其余按默认设置。

二、简单应用（共 2 小题, 每题 20 分, 计 40 分）

在考生文件夹下完成下列操作:

1. 使用表单向导选择商品表生成一个文件名为 good_form 的表单。要求选择商品表中所有字段, 表单样式为阴影式, 按钮类型为图片按钮, 排序字段选择进货日期 (升序), 表单标题为 "商品数据"。

2. 使用 SQL 的 UPDATE 命令为所有商品编码首字符是 "3" 的商品计算销售价格: 销售价格为在进货价格基础上加 22.68%, 并把所用命令存入文本文件 com_ab.txt 中。

三、综合应用（计 30 分）

建立表单, 表单文件名和表单名均为 myform_a, 表单标题为 "商品浏览", 表单样例如图 4-3 所示。其他功能要求如下:

用选项按钮组（OptionGroup1）控件选择商品分类（饮料（Option1）、调味品（Option2）、酒类（Option3）、小家电（Option4））。

单击 "确定"（Command2）命令按钮, 显示选中分类的商品, 要求使用 DO CASE 语句判断选择的商品分类（如图 4-3 所示）。

单击 "退出"（Command1）命令按钮, 关闭并释放表单。

 注　意

选项按钮组控件的 Value 属性必须为数值型。

图 4-3　"myform_a" 表单

4.4　模拟试卷（四）

一、基本操作题（共 4 小题，第 1 和第 2 题各 7 分、第 3 和第 4 题各 8 分，计 30 分）

在考生文件夹下完成下列操作：

1. 新建一个名称为"外汇数据"的数据库。

2. 将自由表 rate_exchange 和 currency_sl 添加到数据库中。

3. 通过"外币代码"字段为 rate_exchange 和 currency_sl 建立永久联系（如果必要请建立相关索引）。

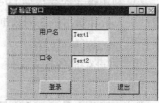

图 4-4　"test_form" 表单

4. 打开表单文件 test_form，该表单的界面如图 4-4 所示，请将标签"用户名"和"口令"的字体都改为"黑体"。

二、简单应用（共 2 小题，每题 20 分，计 40 分）

在考生文件夹下完成下列操作：

1. rate_pro.prg 中的程序功能是计算出"林诗因"所持有的全部外币相当于人民币的价值数量，summ 中存放的是结果。

 注　意

　　某种外币相当于人民币数量的计算公式：人民币价值数量=该种外币的"现钞买入价"×该种外币"持有数量"。请在指定位置修改程序的语句，不得增加或删除程序行，并保存所做的修改。

2. 建立一个名为 menu_rate 的菜单，菜单中有两个菜单项"查询"和"退出"。"查询"项下还有一个子菜单，子菜单有"日元"、"欧元"、"美元" 3 个选项。在"退出"菜单项下创建过程，该过程负责返回系统菜单。

三、综合应用（计 30 分）

设计一个文件名和表单名均为 myrate 的表单，所有控件的属性必须在表单设计器的属性窗口中设置。表单的标题为"外汇持有情况"。表单中有一个选项按钮组控件（命名为 myOption）和两个命令按钮（"统计"（Command1）和"退出"（Command2））。其中，选项按钮组中有 3 个按钮"日元"、"美元"和"欧元"。

运行表单时，首先在选项按钮组控件中选择"日元"、"美元"或"欧元"，单击"统计"命令按钮后，根据选项按钮组控件的选择将持有相应外币的人的姓名和持有数量分别存入 rate_ry.dbf（日元）、rate_my.dbf（美元）或 rate_oy.dbf（欧元）中。

单击"退出"按钮时关闭表单。

表单建成后，运行表单，并分别统计"日元"、"美元"和"欧元"的持有数量。

4.5 模拟试卷（五）

一、基本操作题（共 4 小题，第 1 和第 2 题各 7 分、第 3 和第 4 题各 8 分，计 30 分）

在考生文件夹下完成下列操作：

1. 用 SQL 语句从 rate_exchange.dbf 表中提取外币名称、现钞买入价和卖出价 3 个字段的值并将结果存入 rate_ex.dbf 表（字段顺序为外币名称、现钞买入价、卖出价，字段类型和宽度与原表相同，记录顺序与原表相同），并将相应的 SQL 语句保存到文本文件 one.txt 中。

2. 用 SQL 语句将 rate_exchange.dbf 表中外币名称为"美元"的卖出价修改为 829.01，并将相应的 SQL 语句保存到文本文件 two.txt 中。

3. 利用报表向导根据 rate_exchange.dbf 表生成一个外币汇率报表，报表按顺序包含外币名称、现钞买入价和卖出价 3 列数据，报表的标题为"外币汇率"（其他使用默认值），生成的报表文件保存为 rate_exchange.frx。

4. 打开生成的报表文件 rate_exchange.frx 进行修改，使显示在标题区域的日期改在每页的注脚区显示。

二、简单应用（共 2 小题，每题 20 分，计 40 分）

在考生文件夹下完成下列操作：

1. 设计一个图 4-5 所示的时钟应用程序，具体描述如下：

表单名和表单文件名均为 timer，表单标题为"时钟"，表单运行时自动显示系统的当前时间。

图 4-5　时钟应用程序

（1）显示时间的为标签控件 Label1（要求在表单中水平居中，标签文本对齐方式为居中）。

（2）单击"暂停"命令按钮（Command1）时，时钟停止。

（3）单击"继续"命令按钮（Command2）时，时钟继续显示系统的当前时间。

（4）单击"退出"命令按钮（Command3）时，关闭表单。

> **提 示**
>
> 使用计时器控件，将该控件的 Interval 属性设置为 1 000，即每 1 000 ms 触发一次计时器控件的 Timer 事件（显示一次系统时间），将计时器控件的 Interval 属性设置为 0 将停止触发 Timer 事件，在设计表单时将 Timer 控件的 Interval 属性设置为 1 000。

2. 使用查询设计器设计一个查询，要求如下：

（1）基于自由表 currency_sl.dbf 和 rate_exchange.dbf。

（2）按顺序含有字段"姓名"、"外币名称"、"持有数量"、"现钞买入价"及表达式"现钞买入价*持有数量"。

（3）先按"姓名"升序排序，再按"持有数量"降序排序。

（4）查询去向为表 results.dbf。

（5）完成设计后将查询保存为 query 文件，并运行该查询。

三、综合应用（计 30 分）

设计一个满足如下要求的应用程序，所有控件的属性必须在表单设计器的属性窗口中设置。

建立一个表单，表单文件名和表单名均为 form1，表单标题为"外汇"。

表单中含有一个页框控件（PageFrame1）和一个"退出"命令按钮（Command1）。

页框控件（PageFrame1）中含有 3 个页面，每个页面都通过一个表格控件显示有关信息。

第一个页面 Page1 上的标题为"持有人"，其上的表格控件名为 grdRate_exchange，记录源的类型（RecordSourceType）为"表"，显示自由表 Currency_sl 中的内容。

第二个页面 Page2 上的标题为"外汇汇率"，其上的表格控件名为 grdCurrency_sl，记录源的类型（RecordSourceType）为"表"，显示自由表 Rate_exchange 中的内容。

第三个页面 Page3 上的标题为"持有量及价值"，其上的表格控件名为 Grid1，记录源的类型（RecordSourceType）为"查询"，记录源（RecordSource）为"简单应用"题目中建立的查询文件 query。

单击"退出"命令按钮（Command1）关闭表单。

 注 意

完成表单设计后要运行表单的所有功能。

4.6　模拟试卷（六）

一、基本操作题（共 4 小题，第 1 和第 2 题各 7 分、第 3 和第 4 题各 8 分，计 30 分）

在考生文件夹下有一表单文件 myform.scx，其中包含 Text1 和 Text2 两个文本框，以及 Ok 和 Cancel 两个命令按钮。打开该表单文件，然后在表单设计器环境下通过属性窗口设置相关属性完成如下操作：

1. 将文本框 Text1 的宽度设置为 50。

2. 将文本框 Text2 的宽度设置为默认值。

3. 将 Ok 按钮设置为默认按钮，即通过按【Enter】键就可以选择该按钮。

4. 将 Cancel 按钮的第一个字母 C 设置成"访问键"，即通过按【Alt+C】组合键就可以选择该按钮（在相应字母前插入一个反斜线和小于号）。

二、简单应用（共 2 小题，每题 20 分，计 40 分）

在考生文件夹下已有 xuesheng 和 chengji 两个表，现请在考生目录下完成以下简单应用：

1. 利用查询设计器创建查询，根据 xuesheng 和 chengji 表统计出男、女生在英语课程上各自的最高分、最低分和平均分。查询结果包含性别、最高分、最低分和平均分 4 个字段，结果按性别升序排序，查询去向为表 table1.dbf。最后将查询保存在 query1.qpr 文件中，并运行该查询。

2. 使用报表向导创建一个简单报表。要求选择 xuesheng 表中的所有字段，记录不分组，报表样式为账务式，列数为 2，字段布局为行，方向为纵向，按学号升序排序记录，报表标题为"XUESHENG"，报表文件名为 report1。

三、综合应用（计 30 分）

在考生文件夹下创建一个下拉式菜单 mymenu.mnx，并生成菜单程序文件 mymenu.mpr。运行该菜单程序时会在当前 VFP 系统菜单的末尾追加一个"考试"子菜单，如图 4-6 所示。

图 4-6 "考试"菜单

菜单命令"计算"和"返回"的功能都通过执行过程完成。

菜单命令"计算"的功能是从 xuesheng 表和 chengji 表中找出所有满足如下条件的学生：其在每门课程上的成绩都大于等于所有同学在该门课程上的平均分。并把这些学生的学号和姓名保存在 table2 中（表中只包含学号和姓名两个字段）。表 table2 中各记录应该按学号降序排序。

 提 示

各门课程的平均分可用下面 SQL 语句获得：

SELECT avg(数学),avg(英语),avg(信息技术) FROM chengji INTO ARRAY tmp

菜单命令"返回"的功能是恢复标准的系统菜单。

菜单程序生成后，运行菜单程序并依次执行"计算"和"返回"菜单命令。

4.7 模拟试卷答案

模拟试卷（一）

一、基本操作题（共 4 小题，第 1 和第 2 题各 7 分、第 3 和第 4 题各 8 分，计 30 分）

1. 操作步骤

方法一：

（1）使用命令打开数据库：

MODIFY DATABASE Ecommerce

（2）在"数据库设计器-Ecommerce"窗口中右击表"Customer"并在弹出的菜单中选择"修改"选项。

（3）打开"表设计器-Customer.dbf"对话框，在字段名的最后处输入字段名"email"，然后单击"类型"下三角按钮，选择"字符型"选项，在"宽度"微调按钮中输入 20，并单击"确定"按钮即可。

方法二：

使用命令增加字段：

ALTER TABLE Customer ADD COLUMN email C(20)

2. 操作步骤

（1）使用命令打开数据库：

MODIFY DATABASE Ecommerce

（2）在"数据库设计器-Ecommerce"窗口中右击表"Customer"并在弹出的菜单中选择"修改"选项。

（3）打开"表设计器-Customer.dbf"对话框，选择"性别"字段，在"字段有效性"选项区域的"规则"文本框中输入"性别 $"男女"",在"信息"文本框中输入"性别必须是男或女"，在"默认值"文本框中输入""女""，最后单击"确定"按钮即可。

3．操作步骤

（1）在"数据库设计器-Ecommerce"窗口中，选中"Customer"表中的主索引"会员号"并将其拖动到"OrderItem"表的索引"会员号"上，然后释放鼠标即可。

（2）在"数据库设计器-Ecommerce"窗口中，选中"Article"表中的主索引"商品号"并将其拖动到"OrderItem"表的索引"商品号"上，然后释放鼠标即可。

4．操作步骤

（1）建立好永久性联系后双击关系线，弹出"编辑关系"对话框。

（2）在"编辑关系"对话框中，单击"参照完整性"按钮，打开"参照完整性生成器"对话框。

（3）在"参照完整性生成器"对话框中，在"更新规则"选项卡下选择"级联"单选按钮，在"删除规则"选项卡下选择"限制"单选按钮，在"插入规则"选项卡下选择"限制"单选按钮，接着单击"确定"按钮并弹出提示"是否保存改变，生成参照完整性代码并退出?"，最后单击"是"按钮即可完成参照完整性的设置。

 注 意

两个关系都要设置参照完整性。

二、简单应用（共 2 小题，每题 20 分，计 40 分）

1．操作步骤

将如下命令存放到 temp_sql.txt 文件中：

```
SELECT 姓名,年龄,电话 FROM customer WHERE LEFT(电话,1)='6' AND 性别="女" ORDER BY
年龄 INTO TABLE temp_cus
```

2．操作步骤

将如下命令存放到pview.prg文件中：

```
CREATE SQL VIEW sb_view AS SELECT Customer.会员号,;
Customer.姓名, Article.商品名, Orderitem.单价,;
Orderitem.数量, Orderitem.单价*Orderitem.数量 金额;
FROM  ecommerce!article INNER JOIN ecommerce!Orderitem;
INNER JOIN ecommerce!customer;
ON Customer.会员号=Orderitem.会员号;
ON Article.商品号=Orderitem.商品号;
ORDER BY Customer.会员号
```

三、综合应用（计 30 分）

操作步骤

（1）使用命令打开数据库：

```
OPEN DATABASE Ecommerce
```

（2）在命令窗口中输入如下命令建立表单：

```
CREATE FORM myform
```

（3）建立报表步骤如下：

① 选择"工具"菜单下"向导"子菜单中的"报表"命令，弹出"向导选取"对话框。

② 在"向导选取"对话框中选择"报表向导"选项并单击"确定"按钮，即可打开"报表向导"对话框。

③ 在"报表向导"对话框的"步骤 1-字段选取"界面中，将表"Customer"中的所有字段移到"选定字段"的列表框中，然后单击"完成"按钮。

④ 打开"报表向导"对话框的"步骤 6-完成"界面，在"请键入表单标题"的文本框中输入"客户信息"，单击"完成"按钮。

（4）打开"表单设计器"窗口，在"Caption"属性中输入"客户基本信息"，在"Name"属性中输入"myform"。

（5）在"表单设计器"窗口中添加 4 个命令按钮，在第一个命令按钮的"Caption"属性中输入"女客户信息"；在第二个命令按钮的"Caption"属性中输入"客户购买商品情况"；在第三个命令按钮的"Caption"属性中处输入"输出客户信息"；在第四个命令按钮的"Caption"属性中输入"退出"。

（6）双击"女客户信息"按钮，在"Command1.Click"编辑窗口中输入如下代码：
```
SELECT * FROM Customer WHERE 性别 = "女"
```
然后关闭编辑窗口。

（7）双击"客户购买商品情况"按钮，在"Command2.Click"编辑窗口中输入如下代码：
```
SELECT*FROM sb_view
```
然后关闭编辑窗口。

（8）双击"输出客户信息"按钮，在"Command3.Click"编辑窗口中输入如下代码：
```
REPORT FORM myreport PREVIEW
```
然后关闭编辑窗口。

（9）双击"退出"命令按钮，在"Command4.Click"编辑窗口中输入如下代码：
```
ThisForm.Release
```
然后关闭编辑窗口。

模拟试卷（二）

一、基本操作题（共 4 小题，第 1 和第 2 题各 7 分、第 3 和第 4 题各 8 分，共计 30 分）

1. 操作步骤
（1）在命令窗口中输入如下命令建立菜单：
```
CREATE MENU one
```
（2）打开"新建菜单"对话框，单击"快捷菜单"按钮，弹出"快捷菜单设计器-one"窗口，在该窗口的"菜单名称"下分别输入"增加"、"\-"和"删除"3 个菜单名称。

（3）按【Ctrl+W】组合键保存该菜单。

2. 操作步骤
（1）在命令窗口中输入如下命令建立报表：
```
CREATE REPORT app_report
```
（2）选择"报表"菜单下的"快速报表"命令，在"打开"对话框中选择"评委表"并单击"确定"按钮。

（3）在"快速报表"对话框中，单击"确定"按钮。

（4）按【Ctrl+W】组合键，关闭保存该报表。

3. 操作步骤
（1）在命令窗口中输入如下命令建立数据库：
```
CREATE DATABASE 大奖赛
```

（2）在命令窗口中输入如下命令将表添加到数据库中：

```
ADD TABLE 歌手表
ADD TABLE 评委表
ADD TABLE 评分表
```

4．操作步骤

在命令窗口中输入如下命令：

```
ALTER TABLE 评委表 ALTER 评委编号 SET CHECK LEFT(评委编号,2)="11"
```

二、简单应用（共 2 小题，每题 20 分，计 40 分）

1．操作步骤

（1）在命令窗口中输入如下命令建立表单：

```
CREATE FORM two
```

（2）打开"表单设计器–two"窗口在"Name"属性中输入"two"。

（3）在"表单设计器–two"中选择"表单"菜单下的"新建方法程序"命令，弹出"新建方法程序"对话框，并在"名称"文本框中输入"quit"，单击"添加"按钮，再单击"关闭"按钮。

（4）在表单的"属性"窗口中，选择"方法程序"选项卡，双击"quit"用户自定义过程即可打开"Form1.quit"编辑窗口。

（5）在"Form1.quit"编辑窗口中输入"Thisform.Release"，并按【Ctrl+W】组合键关闭编辑窗口。

（6）在"表单设计器–two"窗口中添加一个命令按钮 Command1，接着双击"Command1"按钮，在"Command1.Click"编辑窗口中输入"Thisform.quit"。

（7）按【Ctrl+W】组合键关闭编辑窗口。

2．操作步骤

在命令窗口中输入如下命令：

```
SELECT 歌手姓名,MAX(分数) AS 最高分,MIN(分数) AS 最低分,;
       AVG(分数) AS 平均分 FROM 歌手表 INNER JOIN 评分表;
       ON 歌手表.歌手编号=评分表.歌手编号;
       GROUP BY 1;
       ORDER BY 平均分 DESC INTO TABLE result
```

三、综合应用（计 30 分）

操作步骤

（1）在命令窗口中输入如下命令建立表单：

```
CREATE FORM myform
```

（2）打开"表单设计器–myform"窗口，在"Caption"属性中输入"评委打分情况"。

（3）在"表单设计器–myform.sox"窗口中添加一个"选项按钮组"控件，在其"Name"属性中输入"myOption"，右击该控件并在弹出菜单中选择"编辑"选项，再单击"Option1"选项卡，在其"Caption"属性中输入"按评分升序"；单击"Option2"选项卡，在其"Caption"属性中输入"按评分降序"。

（4）在"表单设计器–myform"窗口中添加两个命令按钮（Command1 和 Command2），单击第一个命令按钮并在"Caption"属性中输入"生成表"，单击第二个命令按钮并在"Caption"属性中输入"退出"。

（5）双击"生成表"命令按钮，在"Command1.Click"编辑窗口中输入如下命令：

```
IF thisform.Optiongroup1.value=1
   SELECT * FROM  result;
       ORDER BY 最高分,最低分,平均分 ;
       INTO dbf six_a
ELSE
   SELECT *FROM result;
       ORDER BY 最高分 DESC ,最低分 DESC ,平均分 DESC;
       INTO dbf six_d
ENDIF
```

然后关闭编辑对话框。

（6）双击"退出"命令按钮，在"Command2.Click"编辑窗口中输入如下命令：

```
Release Thisform
```

然后关闭编辑对话框。

模拟试卷（三）

一、基本操作题（共 4 小题，第 1 和第 2 题各 7 分、第 3 和第 4 题各 8 分，计 30 分）

1. 操作步骤

（1）选择"文件"菜单下的"新建"命令，弹出"新建"对话框。

（2）在"新建"对话框中，选择"项目"单选按钮，再单击"新建文件"按钮，弹出"创建"对话框。

（3）在"创建"对话框中输入项目文件名"超市管理"，再按【Enter】键或单击"保存"按钮即可完成项目文件的建立，并弹出"项目管理器-超市管理"对话框。

（4）在"项目管理器-超市管理"对话框中的"数据"选项卡下，单击"数据库"选项，再单击"添加"按钮。

（5）在"打开"对话框中，选择"商品管理.dbc"数据库文件，然后单击"确定"按钮。

2. 操作步骤

（1）使用命令打开数据库：

MODIFY DATABASE 商品管理

（2）在"数据库设计器-商品管理"窗口中，右击"商品表"并在弹出的快捷菜单中选择"修改"选项。

（3）打开"表设计器-商品表"对话框，在"字段名"最后处输入"销售价格"，然后在"类型"下三角按钮中选择"数值型"选项，在"宽度"微调按钮中输入 6，在"小数位数"微调按钮中输入 2 并单击"NULL"选项，再单击"确定"按钮。

3. 操作步骤

（1）使用命令打开数据库：

MODIFY DATABASE 商品管理

（2）在"数据库设计器-商品管理"窗口中，右击"商品表"并在弹出的快捷菜单中选择"修改"选项。

（3）打开"表设计器-商品表"对话框，选择"销售价格"字段，在"字段有效性"选项区域的"规则"文本框中输入"销售价格>=0"，在"信息"文本框中输入""销售价格必须大于等于零""，最后单击"确定"按钮即可。

4. 操作步骤

（1）选择"工具"菜单下的"向导"子菜单中的"报表"命令，弹出"向导选取"对话框。

（2）在"向导选取"对话框中选择"报表向导"选项并单击"确定"按钮即可打开"报表向导"对话框。

（3）在"报表向导"对话框的"步骤 1-字段选取"界面中，将"商品表"中的所有字段移到"选定字段"的列表框中，单击"下一步"按钮。

（4）在"报表向导"对话框的"步骤 2-分组记录"界面中，单击"下一步"按钮。

（5）在"报表向导"对话框的"步骤 3-选择报表样式"界面中，在"样式"列表框中选择"经营式"选项，单击"下一步"按钮。

（6）在"报表向导"对话框的"步骤 4-定义报表布局"界面中，单击"下一步"按钮。

（7）在"报表向导"对话框的"步骤 5-排序次序"界面中，选择"商品编码"字段并单击"升序"单选按钮，再单击"添加"按钮，接着单击"完成"按钮。

（8）在"报表向导"对话框的"步骤 6-完成"界面中，单击"完成"按钮。

（9）弹出"另存为"对话框，在"保存报表为"文本框中输入"report_a"，再单击"保存"按钮即可生成报表。

二、简单应用（共 2 小题，每题 20 分，计 40 分）

1. 操作步骤

（1）选择"工具"菜单下"向导"子菜单中的"表单"命令，弹出"向导选取"对话框。

（2）在"向导选取"对话框中选择"表单向导"选项并单击"确定"按钮即可打开"表单向导"对话框。

（3）在"表单向导"对话框的"步骤 1-字段选取"界面中将"商品表"中的所有字段移至"选定字段"列表框中，再单击"下一步"按钮。

（4）在"表单向导"对话框的"步骤 2-选择表单样式"界面中，在"样式"列表框中选择"阴影式"选项，然后在"按钮类型"选项区域中单击"图片按钮"单选按钮，再单击"下一步"按钮。

（5）在"表单向导"对话框的"步骤 3-排序次序"界面中，选择"进货日期"字段并选择"升序"单选按钮，再单击"添加"按钮，接着单击"下一步"按钮。

（6）在"表单向导"对话框的"步骤 4-完成"界面中，在"请键入表单标题"文本框中输入"商品数据"，单击"完成"按钮。

（7）弹出"另存为"对话框在"保存表单为"文本框中输入"good_form"，再单击"保存"按钮即可生成表单。

2. 将如下命令存放在文件 com_ab.txt 中：

```
update 商品 set 销售价格=进货价格*(1+0.2268) where substr(商品编码,1,1)="3"
```

三、综合应用（计 30 分）

操作步骤

（1）使用如下命令建立表单：

```
CREATE FORM myform_a
```

（2）打开"表单设计器-myform_a"窗口，在"Caption"属性中输入"商品浏览"，在"Name"属性中输入"myform_a"。

（3）在"表单设计器-myform_a"窗口中添加一个选项按钮组 OptionGroup1，在"ButtonCount"属性中输入"4"并对其进行编辑，在 Option1 的"Caption"属性中输入"饮料"，在 Option2 的"Caption"属性中输入"调味品"，在 Option3 的"Caption"属性中输入"酒类"，在 Option4 的"Caption"属性中输入"小家电"。

（4）在"表单设计器-myform_a"窗口中添加两个命令按钮，在第一个命令按钮的"Caption"属性中输入"退出"，在第二个命令按钮的"Caption"属性中输入"确定"。

（5）在"表单设计器-myform_a"窗口中双击"Command1"命令按钮，在"Command1.Click"编辑窗口中输入如下命令：

```
Release Thisform
```

然后关闭编辑窗口。

（6）在"表单设计器-myform_a"窗口中双击"Command2"命令按钮，在"Command2.Click"编辑窗口中输入如下命令：

```
DO CASE
    CASE THISFORM.OPTIONGROUP1.VALUE=1
        SELECT * FROM 商品 WHERE 分类编码=ANY(SELECT 分类编码 FROM 分类 WHERE 分类
名称="饮料")
    CASE THISFORM.OPTIONGROUP1.VALUE=2
        SELECT * FROM 商品 WHERE 分类编码=ANY(SELECT 分类编码 FROM 分类 WHERE 分类
名称="调味品")
    CASE THISFORM.OPTIONGROUP1.VALUE=3
        SELECT * FROM 商品 WHERE 分类编码=ANY(SELECT 分类编码 FROM 分类 WHERE 分类
名称="酒类")
    CASE THISFORM.OPTIONGROUP1.VALUE=4
        SELECT * FROM 商品 WHERE 分类编码=ANY(SELECT 分类编码 FROM 分类 WHERE 分类
名称="小家电")
ENDCASE
```

然后关闭编辑窗口。

模拟试卷（四）

一、基本操作题（共 4 小题，第 1 和第 2 题各 7 分、第 3 和第 4 题各 8 分，计 30 分）

1. 操作步骤

（1）选择"文件"菜单下的"新建"命令，弹出"新建"对话框。

（2）在"新建"对话框中，单击"数据库"单选按钮，再单击"新建文件"按钮，弹出"创建"对话框。

（3）在"创建"对话框中输入数据库名"外汇数据"，再按【Enter】键或单击"保存"按钮即可完成数据库的建立。

2. 操作步骤

（1）选择"文件"菜单下的"打开"命令，在"文件类型"下三角按钮中选择"数据库"选项，单击"外汇管理"数据库文件，再单击"确定"按钮。

（2）在"数据库设计器-外汇数据"窗口中右击并在弹出的快捷菜单中选择"添加表"命令，

选择相应的表文件即可（rate_exchange 和 currency_sl）。

3. 操作步骤

（1）使用命令打开数据库：

MODIFY DATABASE 外汇数据

（2）在"数据库设计器–外汇数据"窗口中右击表"rate_exchange"并在弹出的快捷菜单中选择"修改"命令，打开"表设计器–rate_exchange"对话框，选择"索引"选项卡，在"索引名"中输入"外币代码"，在"类型"下三角按钮中选择"主索引"选项，在"表达式"文本框中输入"外币代码"，最后单击"确定"按钮。

（3）在"数据库设计器–外汇数据"窗口中右击表"currency_sl"并在弹出的快捷菜单中选择"修改"命令，打开"表设计器–currency_sl"对话框，选择"索引"选项卡，在"索引名"中输入"外币代码"，在"类型"下三角按钮中选择"普通索引"选项，在"表达式"文本框中输入"外币代码"，最后单击"确定"按钮。

（4）在"数据库设计器–外汇数据"窗口中选中"rate_exchange"表的主索引"外币代码"并将其拖动到"currency_sl"表中的索引"外币代码"处，然后释放鼠标。

4. 操作步骤

（1）使用命令打开表单：

MODIFY FORM test_form

（2）右击"用户名"标签并在弹出菜单中选择"属性"选项，在"FontName"属性中选择"黑体"选项。

（3）右击"口令"标签并在弹出菜单中选择"属性"选项，在"FontName"属性中选择"黑体"选项。

二、简单应用（共 2 小题，每题 20 分，计 40 分）

1. 操作步骤

第一处是查找姓名，应改为：locate for 姓名="林诗因"。

第二处是判断记录指针是否指向表的结束标记，应改为：DO WHILE NOT EOF()。

第三处是累计人民币价值数量，所以应改为：summ=summ+a[1]＊持有数量。

2. 操作步骤

（1）选择"文件"菜单下的"新建"命令，弹出"新建"对话框。

（2）在"新建"对话框中选择"菜单"单选按钮，再单击"新建文件"按钮，弹出"新建菜单"对话框。

（3）在"新建菜单"对话框中单击"菜单"按钮，打开"菜单设计器–菜单 1"窗口，在该窗口中的"菜单名称"中输入"查询"和"退出"，然后在"查询"菜单的"结果"下三角按钮中选择"子菜单"命令，单击"创建"按钮，在"菜单设计器"中，输入 3 个子菜单项"日元"、"欧元"和"美元"。

（4）在"退出"菜单的"结果"下三角按钮中选择"命令"选项并输入命令"set sysmenu to default"。

（5）单击工具栏上"保存"按钮并在弹出"保存"对话框中输入"menu_rate"即可。

（6）在"菜单设计器"窗口下，选择"菜单"菜单下的"生成"命令，生成"menu_rate.mpr"文件。

三、综合应用（计 30 分）

操作步骤

（1）在命令窗口中输入如下命令建立表单：

```
CREATE FORM myrate
```

（2）打开"表单设计器-myrate"窗口，在"Caption"属性中输入"外汇持有情况"，在"Name"属性中输入"myrate"。

（3）在"表单设计器-myrate"窗口中添加一个"选项按钮组"控件，在"ButtonCount"属性中输入"3"，在"Name"属性中输入"myOption"。

（4）右击该控件并在弹出的菜单中选择"编辑"选项，单击"Option1"选项卡，在其"Caption"属性中输入"日元"；单击"Option2"选项卡，在其"Caption"属性中输入"美元"；单击"Option3"选项卡，在其"Caption"属性中输入"欧元"。

（5）在"表单设计器-myrate"窗口中添加两个命令按钮，在第一个命令按钮的"Caption"属性中输入"统计"，在第二个命令按钮的"Caption"属性中输入"退出"。

（6）双击"统计"按钮，在"Command1.Click"编辑窗口中编写如下命令：

```
if thisform.myOption.value=1
select 姓名,持有数量 from currency_sl where currency_sl.外币代码="27" into dbf
rate_ry
    else
    if thisform.myOption.value=2
select 姓名,持有数量 from currency_sl where currency_sl.外币代码="14" into db
rate_my
      else
select 姓名,持有数量 from currency_sl where currency_sl.外币代码="38" into dbf
rate_oy
    endif
endif
```

（7）双击"退出"命令按钮，在"Command2.Click"编辑窗口中输入如下命令：

```
Release Thisform
```

模拟试卷（五）

一、基本操作题（共 4 小题，第 1 和第 2 题各 7 分、第 3 和第 4 题各 8 分，计 30 分）

1. 操作步骤

在命令窗口中输入如下命令：

```
SELECT 外币名称,现钞买入价,卖出价 FROM rate_exchange INTO TABLE rate_ex
```

2. 操作步骤

在命令窗口中输入如下命令：

```
UPDATE rate_exchange SET 卖出价 = 829.01 WHERE 外币名称 = "美元"
```

3. 操作步骤

（1）选择"工具"菜单下的"向导"子菜单中的"报表"命令，弹出"向导选取"对话框。

（2）在"向导选取"对话框中，选择"报表向导"选项并单击"确定"按钮即可打开"报表向导"对话框。

（3）在"报表向导"对话框的"步骤 1-字段选取"界面中，将表"rate_exchange"中的所有字段移至"选定字段"列表框中，再单击"完成"按钮，弹出"报表向导"对话框的"步骤 6-完成"界面。

（4）在"请输入报表标题"文本框中输入"外币汇率"，接着单击"保存"按钮，弹出"另存为"对话框，在"保存报表为"文本框中输入"rate_exchange"，并单击"保存"按钮。

4. 操作步骤

必须先做第 3 小题才可以进行如下操作。

（1）使用命令打开报表文件：

```
MODIFY REPORT rate_exchange
```

（2）在"标题"区域选中 DATE() 并将其拖动到"页注脚"区域中，然后释放鼠标即可。

二、简单应用（共 2 小题，每题 20 分，计 40 分）

1. 操作步骤

（1）在命令窗口中输入如下命令建立表单：

```
CREATE FORM timer
```

（2）打开"表单设计器-timer"窗口，在"Caption"属性中输入"时钟"，在"Name"属性中输入"timer"。

（3）在"表单设计器-timer"窗口中添加一个标签，将其"Caption"属性置空，在"Alignment"属性中选择"2 - 中央"选项。

（4）在"表单设计器-timer"窗口中添加 3 个命令按钮，在第一个命令按钮的"Caption"属性中输入"暂停"，在第二个命令按钮的"Caption"属性中输入"继续"，在第三个命令按钮的"Caption"属性中输入"退出"。

（5）在"表单设计器-timer"窗口中添加一个计时器控件，在该控件的"Interval"属性中输入"1 000"。双击计时器控件，在"Timer1.Timer"编辑窗口中输入如下命令：

```
thisform.label1.caption=time()
```

然后关闭编辑窗口。

（6）双击"暂停"按钮，在"Command1.Click"编辑窗口中输入如下命令：

```
thisform.timer1.interval=0
```

然后关闭编辑窗口。

（7）双击"继续"按钮，在"Command1.Click"编辑窗口中输入如下命令：

```
thisform.timer1.interval=1 000
```

然后关闭编辑窗口。

（8）双击"退出"命令按钮，在"Command2.Click"编辑窗口中输入如下命令：

```
Release Thisform
```

然后关闭编辑窗口。

2. 操作步骤

（1）在命令窗口中输入如下命令建立查询：

```
CREATE QUERY query
```

（2）在"打开"对话框中选择表"currency_sl"，再单击"确定"按钮，在"添加表或视图"对话框中单击"其他"按钮，选择表"rate_exchange"再单击"确定"按钮，弹出"联接条件"对话框，在该对话框中直接单击"确定"按钮。在"添加表或视图"对话框中，再单击"关闭"按钮。

（3）在"字段"选项卡将要求的字段添加到"选定字段"列表框中，再在"函数和表达式"文本框中输入"Rate_exchange.现钞买入价*Currency_sl.持有数量"，最后单击"添加"按钮。

（4）在"排序依据"选项卡下选择"Currency_sl.姓名"字段并选择"升序"单选按钮，接着单击"添加"按钮，再选择"Currency_sl.持有数量"字段并单击"添加"按钮，再在"排序条件"列表框选择"Currency_sl.持有数量"字段并选择"降序"单选按钮。

（5）选择"查询"菜单下的"输出去向"命令，弹出"查询去向"对话框，在该对话框中单击"表"按钮，在"表名"中输入"results"，再单击"确定"按钮。

（6）保存该查询并运行。

三、综合应用（计 30 分）

操作步骤

（1）在命令窗口中输入如下命令建立表单：

```
CREATE FORM form1
```

（2）打开"表单设计器-form1"窗口，在"Caption"属性中输入"外汇"，在"Name"属性中输入"form1"。

（3）在"表单设计器-form1"窗口中右击表头并在弹出菜单中选择"数据环境"选项，在"打开"对话框中选择表"currency_sl"并单击"确定"按钮。在"添加表或视图"对话框中单击"其他"按钮，选择表"rate_exchange"并单击"确定"按钮，然后单击"添加"按钮，最后单击"关闭"按钮关闭"添加表或视图"对话框。

（4）在"表单设计器-form1"窗口中添加一个"页框"控件，在该控件的"PageCount"属性中输入"3"，接着右击这个"页框"控件并在弹出的菜单中选择"编辑"选项，再单击"Page1"选项卡，在其"Caption"属性中输入"持有人"，接着在"数据环境"中选中"currency_sl"表并将其拖动到"页框"的"持有人"选项卡下，然后释放鼠标，在这个表格的"RecordSourceType"属性中处选择"0-表"选项。单击"Page2"选项卡，在其"Caption"属性中输入"外汇汇率"，接着在"数据环境"中选中"rate_exchange"表并将其拖动到"页框"的"外汇汇率"选项卡下，然后释放鼠标，在这个表格的"RecordSourceType"属性中选择"0-表"选项。单击"Page3"选项卡，在其"Caption"属性中输入"持有量及价值"，接着在此"页框"上添加一个表格，在其"RecordSourceType"属性中选择"3-查询(.QPR)"选项卡，然后在"RecordSource"属性中输入"Query"。

（5）在"表单设计器-form1"窗口的下方添加一个命令按钮，在"Caption"属性中输入"退出"，双击"退出"命令按钮，在"Command1.Click"编辑窗口中输入"Release Thisform"，接着关闭编辑窗口。

模拟试卷（六）

一、基本操作题（共 4 小题，第 1 和第 2 题各 7 分、第 3 和第 4 题各 8 分，计 30 分）

1. 操作步骤

（1）使用命令打开表单：

```
MODIFY FORM myform
```

（2）单击 Text1 文本框，在该文本框的"Width"属性中输入"50"。

2．操作步骤

（1）使用命令打开表单：

MODIFY FORM myform

（2）单击 Text2 文本框，在该文本框的"Width"属性中输入"100"。

3．操作步骤

（1）使用命令打开表单：

MODIFY FORM myform

（2）单击"Ok"按钮，在该按钮的"Default"属性中选择".T."选项。

4．操作步骤

（1）使用命令打开表单：

MODIFY FORM myform

（2）单击"Cancel"按钮，在该按钮的"Caption"属性中输入"\<Cancel"。

二、简单应用（共 2 小题，每题 20 分，计 40 分）

1．操作步骤

（1）在命令窗口中输入如下命令建立查询：

CREATE QUERY query1

（2）在"打开"对话框中，选择表"xuesheng"并单击"确定"按钮，在"添加表或视图"对话框中，单击"其他"按钮，选择表"chengji"再单击"确定"按钮，弹出"联接条件"对话框，在该对话框中直接单击"确定"按钮。在"添加表或视图"对话框中，再单击"关闭"按钮。

（3）在"字段"选项卡下的"函数和表达式"文本框中输入"LEFT(Xuesheng.学号,8) AS 班号"，单击"添加"按钮，在"可用字段"列表框中选择"Xuesheng.性别"字段，单击"添加"按钮。然后在"函数和表达式"文本框中输入"MAX(Chengji.英语) AS 最高分"并单击"添加"按钮，再在"函数和表达式"文本框中输入"MIN(Chengji.英语) AS 最低分"并单击"添加"按钮，最后在"函数和表达式"文本框中输入"AVG(Chengji.英语) AS 平均分"，单击"添加"按钮。

（4）选择"分组依据"选项卡，在"可用字段"列表框中选择"LEFT(Xuesheng.学号,8) AS 班号"和"Xuesheng.性别"字段，分别添加到"分组字段"列表框中。

（5）选择"排序依据"选项卡，在"选定字段"列表框中选择"LEFT(Xuesheng.学号,8) AS 班号"字段并选择"升序"单选按钮，再单击"添加"按钮。再在"选定字段"列表框中选择"Xuesheng.性别"字段并单击"添加"按钮。最后在"排序条件"列表框选中"Xuesheng.性别"字段，再单击"降序"单选按钮改变排序方式。

（6）选择"查询"菜单下的"输出去向"命令，弹出"查询去向"对话框，在该对话框中，单击"表"选项，在"表名"中输入"table1"，再单击"确定"按钮。

（7）保存该查询并运行。

2．操作步骤

（1）选择"工具"菜单下的"向导"子菜单中的"报表"命令，弹出"向导选取"对话框。

（2）在"向导选取"对话框中，选择"报表向导"选项并单击"确定"按钮，即可打开"报表向导"对话框。

（3）在"报表向导"对话框的"步骤 1-字段选取"界面中，将表"xuesheng"中的所有字段移到"选定字段"列表框中，单击"下一步"按钮。

（4）在"报表向导"对话框的"步骤 2-分组记录"界面中，单击"下一步"按钮。

（5）在"报表向导"对话框的"步骤 3-选择报表样式"界面中，在"样式"列表框选择"账务式"选项，单击"下一步"按钮。

（6）在"报表向导"对话框的"步骤 4-定义报表布局"界面中，在"列数"微调按钮中输入"2"，在"方向"选项区域中选择"纵向"单选按钮，在"字段布局"选项区域中选择"行"单选按钮，再单击"下一步"按钮。

（7）在"报表向导"对话框的"步骤 5-排序次序"界面中，选择"学号"字段并选择"升序"单选按钮，再单击"添加"按钮，单击"完成"按钮。

（8）在"报表向导"对话框的"步骤 6-完成"界面中，在"报表标题"文本框中输入"XUESHENG"，单击"完成"按钮。

（9）弹出"另存为"对话框，在"保存报表为"文本框中输入"report1"，再单击"保存"按钮即可生成报表。

三、综合应用（计 30 分）

操作步骤

（1）选择"文件"菜单下的"新建"命令，弹出"新建"对话框。

（2）在"新建"对话框中选择"菜单"单选按钮，再单击"新建文件"选项。

（3）在"新建菜单"对话框中单击"菜单"选项，打开"菜单设计器"窗口，在"菜单名称"中输入"考试"，然后单击"结果"下三角按钮并选择"子菜单"选项，单击"创建"按钮，在"菜单设计器"中输入两个子菜单"计算"和"返回"。

（4）单击"计算"子菜单的"结果"下三角按钮并选择"过程"选项，然后输入如下命令：

```
select avg(数学),avg(英语),avg(信息技术) from chengji into array ttt
select xuesheng.学号,姓名 from xuesheng join chengji
    on xuesheng.学号=chengji.学号;
    where 数学>=ttt(1) and 英语>=ttt(2) and 信息技术>=ttt(3);
    order by xuesheng.学号 desc;
    into table table2
```

（5）单击"返回"子菜单的"结果"下三角按钮并选择"过程"选项，然后输入如下命令：

```
set sysmenu nosave
set sysmenu to default
```

（6）单击工具栏上"保存"按钮，在弹出"保存"对话框中输入"mymenu"即可。

（7）在"菜单设计器"窗口下，选择"菜单"菜单下的"生成"命令，生成"mymenu.mpr"文件。

（8）在"菜单设计器"窗口下，选择"显示"菜单下的"常规选项"命令，弹出"常规选项"对话框，在该对话框中选择"追加"单选按钮，最后再单击"确定"按钮即可。

附录 A 主教材习题参考答案

习题一 答 案

一、填空题

1. 属性   2. 关系模型   3. 联接   4. 二维表   5. 数据库管理系统

二、选择题

1~5 DDACC   6~8 CAC

习题二 答 案

一、填空题

1. 生成器   2. 项目管理器   3. 面向对象   4. 程序执行方式   5. 项目管理器

二、选择题

1~5 DCBCA   6~10 BDCBD

习题三 答 案

一、填空题

1. 通用型   2. CLEAR MEMORY RELEASE   3. 12XY34XY   4. 字符型

5. 数值型   6. 7

二、选择题

1~5 DBDAA   6~10 BBCCC   11~15 DDBDC   16~20 AADCB

21~25 BDDDA   26~30 CDDBD   31~35 CBDCC   36~40 DAAAC

习题四 答 案

一、填空题

1. 32767   2. 一对一   3. 主索引   4. 关键字   5. (.T., .F.)

二、选择题

1~5 CDBBC   6~7 BA

三、简答题

1. 在 Visual FoxPro 中，根据表是否属于数据库，把表分为数据库表和自由表两类。所谓自由表是指不属于任何数据库的表。属于某一数据库的表称为数据库表。当一个表是数据库表的时候它可以具有以下内容：长表名和表中的长字段名；表中字段可以添加标题和注释；字段可以指定默认值、输入掩码和设定字段的格式；可以支持参照完整性，可以给数据库表建立主关键字，可以建立表之间的关系；可对记录设定 INSERT、UPDATE 或 DELETE 事件的触发器。

2. 修改表结构有 3 种方法：利用数据库设计器、利用项目管理器和使用 MODIFY STRUCTURE 命令。

3. 略。

4. （1）略。

　（2）略。

　（3）Visual FoxPro 中的排序是根据不同的字段对当前表的记录做出不同的排列，产生一个新的表。新表与旧表内容完全一样，只是它们的记录排序不同而已。Visual FoxPro 中的索引与书中的目录类似，表索引是一个记录号的列表，指向待处理的记录，并确定记录的处理顺序。索引是以索引文件的形式存在的，它根据指定的索引关键字表达式建立。排序会产生一个新的表。

　（4）域完整性是指给定列的输入有效性。要求表中指定列的数据具有正确的数据类型、格式和有效的数据范围。域完整性通过外部关键字约束、有效性约束、默认值定义、是否允许空值定义和规则来实现。

　（5）建立表间关系的方法如下：

　①　一对一关联的建立：首先基于父表的公共字段建立主索引或者候选索引，然后对子表的公共字段建立主索引或者候选索引。在"数据工作期"窗口别名列表中选择主表，单击"关系"按钮，然后在别名列表中选择子表。如果子表文件未指定主索引，系统会弹出"设置索引顺序"对话框，指定子表文件的主索引。主索引建立后系统会弹出"表达式生成器"对话框，在字段列表框中选择关联关键字段，然后单击"确定"按钮，此时就在父表和子表之间建立了一对一的关联。

　②　一对多关联的建立：首先基于父表的公共字段建立主索引或者候选索引，然后对子表的公共字段建立普通索引。然后在"数据工作期"窗口中建立一对一的关联，然后在"数据工作期"窗口中单击"一对多"按钮，系统会弹出"创建一对多关系"对话框。在创建一对多关系对话框的子表别名列表框选择子表别名，单击"移动"按钮，子表别名将出现在选定别名列表框中，单击"确定"按钮，完成子表别名的指定，并返回到数据工作期窗口。如果子表文件未指定主索引，系统显示"指定索引顺序"对话框，以便用户指定主索引。完成上述工作后，在数据工作期窗口的右侧列表框中出现了子表文件名，在父表和子表之间有一双线相连，说明在两表之间已建立了一对多关联。

习题五　答　案

一、填空题

1. 属性　方法　　　2. .scx　DO FORM　　　3. MaxButton　MinButton　Closable

4. REFRESH　　RELEASE

二、选择题

1～5 DACDC   6～10 BAADB

三、上机题

1. 操作要点：

（1）添加 3 个标签、3 个文本框和两个命令按钮。

（2）修改表单的 Caption 属性，修改 3 个标签的 Caption 属性，修改输入一个整数的文本框的 Value 属性值为 0，修改计算命令按钮的 Caption 属性值为"计算(\<C)"，修改关闭命令按钮的 Caption 属性值为 "关闭(\<E)"，这样当命令按钮获得焦点时可以按相应字母键执行，或者按【Alt+相应字母】组合键也能执行。

（3）双击计算按钮，编写 Click 代码：

```
N=THISFORM.TEXT1.VALUE          &&将文本框 1 中的值取出赋值给变量 N
THISFORM.TEXT2.VALUE=N*N        &&或者 N^2，将平方赋值给文本框 2
THISFORM.TEXT3.VALUE=N*N*N      &&或者 N^3，将立方赋值给文本框 3
```

（4）关闭按钮的 Click 代码：

```
THISFORM.RELEASE
```

2. 操作要点：

圆半径文本框的 InteractiveChange 事件代码：

```
THISFORM.TEXT2.VALUE=3.14*THISFORM.TEXT1.VALUE*THISFORM.TEXT1.VALUE
THISFORM.TEXT3.VALUE=2*3.14*THISFORM.TEXT1.VALUE
```

3. 操作要点：

（1）计时器 TIMER1 的 Interval 属性值设置为 1 000，Enabled 属性值设置为.F.。它的 Timer 事件代码是：

```
THISFORM.TEXT1.VALUE=TIME()
```

（2）开始按钮的 Click 代码：

```
THISFORM.TIMER1.ENABLED=.T.      &&将计时器设置为可用
```

（3）停止按钮的 Click 代码：

```
THISFORM.TIMER1.ENABLED=.F.      &&将计时器设置为不可用
```

习题六 答 案

一、程序填空

1. FILE('KFJM.DBF')	LOOP	EXIT
2. USE XS	NOT EOF()	SKIP
3. S=0	I=I+2	
4. S=1	I=I+2	
5. USE XSDB	NOT EOF()	SKIP
6. XM=姓名	XM=姓名	SKIP

二、阅读下列程序，写出每个程序的运行结果

1. 2+4+6+8+10=30

2.
```
        *
       **
      ***
     ****
    *****
```
3.
```
   *********
    *******
     *****
      ***
       *
```

4. 0 2 4 6 8 10

三、程序改错

1. IF 性别='女' AND MGZ<工资   SKIP

2. DO WHILE I<10   LOOP

3. S=1   I<=M   M=M*3

4. FOR N=2 TO LEN(A)−1   ??SUBSTR(A,LEN(A)−N+1),2   ??"*"

5. DO WHILE FOUND()   ?JSJ/RS,YY/RS,JXJ

6. DO WHILE I<=512   I=I*2   ENDDO

四、编写下列程序

1.
```
USE XS
    STORE 0 TO SUM_M,SUM_F,COUNT_M,COUNT_F
DO WHILE NOT EOF()
    IF 性别='男'
SUM_M=SUM_M+入学成绩
COUNT_M=COUNT_M+1
    ELSE
SUM_F=SUM_F+入学成绩
COUNT_F=COUNT_F+1
    ENDIF
    SKIP
ENDDO
USE
? '男生平均成绩: ',SUM_M/COUNT_M, '女生平均成绩:', SUM_F/COUNT_F
```

2.
```
DIME N(10)
FOR I=1 TO 10
    INPUT TO N(I)
ENDFOR
NMAX=N(1)
NMIN=N(1)
FOR I=2 TO 10
    IF N(I)>NMAX
        NMAX=N(I)
    ENDIF
    IF N(I)<NMIN
        NMIN=N(I)
```

```
        ENDIF
    ENDFOR
    ?'最大数是: ',NMAX,'最小数是: ',NMIN
```

3.
```
    DIME N(10)
    FOR I=1 TO 10
        INPUT TO N(I)
    ENDFOR
    FOR I=1 TO 9
        FOR J=1 TO 9
          IF N(J)<N(J+1)
            T=N(J)
            N(J)=N(J+1)
            N(J+1)=T
          ENDIF
        ENDFOR
    ENDFOR
    FOR I=1 TO 10
      ?? N(I)
    ENDFOR
```

4.
```
    S=0
    FOR N=1 TO 15
      IF N%3=0
          S=S+N^2
      ENDIF
    ENDFOR
    OUT=S
    ?S
```

5.
```
    S=0
    FOR N=1 TO 200
        IF N%2=0
          S=S+N
        ENDIF
    ENDFOR
    OUT=S
    ?S
```

6.
```
    USE RSDA
    RS=0
    DO WHILE NOT EOF()
     IF 职称='工程师'
        RS=RS+1
     ENDIF
     SKIP
    ENDDO
    USE
    Y=RS
    ?Y
```

习题七 答 案

一、选择题

1~5 ABDAC   6~10 CABDA   11~15 CCDCA   16~20 ADDAB

二、填空题

1. IS NULL　　2. GROUP BY　　　　3. UPDATE　　　4. TOP 10　　　5. TAG

6. LIKE　　　7. PRIMARY　KEY　　8. INTO CURSOR　9. COLUMN　　　10. SUM(工资)

习题八　答　　案

一、填空题

1. JOIN ON　　　　2. WHERE　　　　3. DELETE VIEW　　　　4. 表或视图　　　　5.查询设计器

二、选择题

1～5　CCCBD

三、上机题

1. 查询设计器中的主要设置如附录图 A-1 所示。

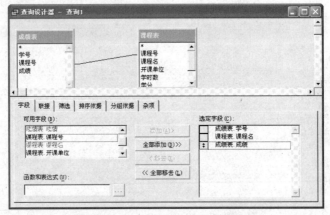

附录图 A-1　"字段"选项卡的设置

查询结果如附录图 A-2 所示。

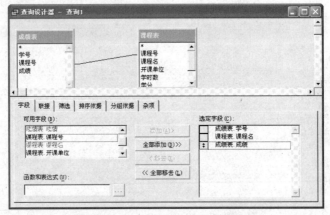

附录图 A-2　查询结果

2. 视图询设计器中的"字段"选项卡设置如附录图 A-3 所示。

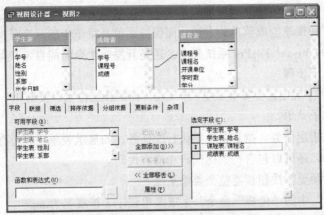

附录图 A-3　"字段"选项卡的设置

"更新条件"选项卡设置和利用视图修改李一成绩的界面如附录图 A-4 所示。

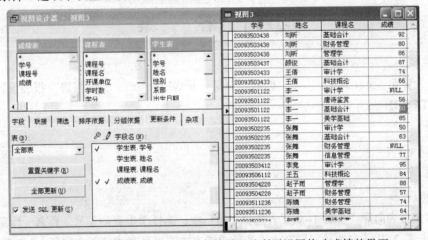

附录图 A-4　"更新条件"选项卡的设置及利用视图修改成绩的界面

习题九　答　案

一、填空题

1. MODIFY MENU　　2. SET SYSMENU TO　　　3. \-

4. SET SYSMENU TO DEFAULT　　　　　　5. 下拉菜单，弹出式菜单

二、选择题

1~5　ABDBC　　6~7　DB

三、简答题

1. 常规的菜单系统一般是一个下拉式菜单，由一个条形菜单和一组弹出式菜单组成。

2. 菜单实际的结果作为菜单定义保存为扩展名为.mnx 的菜单文件和扩展名为.mnt 的菜单备注文件中。

3. "快速菜单"主要是为了能让用户方便快速地设计菜单的一种方法，选择"快速菜单"命令后，一个与 Visual FoxPro 系统菜单一样的菜单会自动复制到菜单设计器窗口,供用户修改成符合自己需要的菜单。这种方法能快速建立高质量的菜单。快捷菜单是一种单击鼠标右键才出现的弹出式菜单,快速菜单是一种快速生成菜单的方法,而快捷菜单是菜单中的一个分类。

4. 无论是定制已有的 Visual FoxPro 系统菜单,还是开发一个全新的自定义菜单,创建一个完整的菜单系统都需要以下步骤:

（1）规划菜单系统。确定需要哪些菜单、出现在界面的什么位置以及哪几个菜单要有子菜单等。

（2）创建菜单和子菜单。

（3）为菜单系统指定任务。指定菜单要执行的任务,如显示表单、执行查询程序、退出 VFP 等。另外,如果需要,还可以包含初始化代码和清理代码。

（4）通过单击"预览"按钮预览整个菜单系统。

（5）单击"菜单"中的"生成"命令,生成菜单程序（扩展名为.mpr）。

（6）运行生成的程序,测试菜单系统。

5. 略。

习题十　答　案

一、填空题

1. 页标头　细节　页注脚　　2. 标题　总结　报表　　3. 快速报表　报表设计器

4. REPORT FORM

二、选择题

1～5　BBCAA

三、上机题

操作要点:

在一对多报表向导"步骤 1-从父表选择字段"中,选择学生表的学号、姓名、性别和系部四个字段;"步骤 2-从子表选择字段"中,选择成绩表的课程号和成绩两个字段;"步骤 3-为表建立关系"中,默认以两个表的公共字段学号建立关系,直接单击"下一步"即可;"步骤 4-排序记录"中,选择学号字段,设置为升序;"步骤 5-选择报表样式"中,选择"简报式";"步骤 6-完成"中,修改报表标题为"学生成绩表"。

附录 B Visual FoxPro 6.0 常用命令一览表

Visual FoxPro 的命令子句较多，本附录未列出它们的完整格式，只列出其概要说明，目的是为读者寻求计算机帮助提供线索。

命　　令	功　　能
&&	标明命令行尾注释的开始
*	标明程序中注释行的开始
?|??	计算表达式的值，并输出计算结果
????	把结果输出到打印机
@…BOX	使用指定的坐标绘制方框，现用 Shape 控件代替
@…CLASS	创建一个能够用 READ 激活的控件或对象
@…CLEAR	清除窗口的部分区域
@…EDIT—编辑框部分	创建一个编辑框，现用 EditBox 控件代替
@…FILL	更改屏幕某区域内已有文本的颜色
@…GET—按钮命令	创建一个命令按钮，现用 CommandButton 控件代替
@…GET—复选框命令	创建一个复选框，现用 CheckBox 控件代替
@…GET—列表框命令	创建一个列表框，现用 ListBox 控件代替
@…GET—透明按钮命令	创建一个透明命令按钮，现用 CommandButton 控件代替
@…GET—微调命令	创建一个微调控件，现用 Spinner 控件代替
@…GET—文本框命令	创建一个文本框，现用 TextBox 控件代替
@…GET—选项按钮命令	创建一组选项按钮，现用 OptionGroup 控件代替
@…GET—组合框命令	创建一个组合框，现用 ComboBox 控件代替
@…MENU	创建一个菜单，现用菜单设计器和 CREATE MENU 命令
@…PROMPT	创建一个菜单栏，现用菜单设计器和 CREATE MENU 命令
@…SAY	在指定的行列显示或打印结果，现用 Label 控件、TextBox 控件代替
@…SAY—图片&OLE 对象	显示图片和 OLE 对象，现用 Image、OLE Bound、OLE Container 控件代替
@…SCROLL	将窗口中的某区域向上、下、左、右移动
@…TO	画一个方框、圆或椭圆，现用 Shape 控件代替
\\\\	输出文本行
ACCEPT	从显示屏接受字符串，现用 TextBox 控件代替
ACTIVATE MENU	显示并激活一个菜单栏
ACTIVATE POPUP	显示并激活一个菜单

续表

命　　　令	功　　　能
ACTIVATE SCREEN	将所有后继结果输出到 Visual FoxPro 的主窗口
ACTIVATE WINDOW	显示并激活一个或多个窗口
ADD CLASS	向一个 .vcx 可视类库中添加类定义
ADD TABLE	向当前打开的数据库中添加一个自由表
ALTER TABLE—SQL	以编程方式修改表结构
APPEND	在表的末尾添加一个或者多个记录
APPEND FROM	将其他文件中的记录添加到当前表的末尾
APPEND FROM ARRAY	将数组的行作为记录添加到当前表中
APPEND GENERAL	从文件导入一个 OLE 对象，并将此对象置于数据库的通用字段中
APPEND MEMO	将文本文件的内容复制到备注字段中
APPEND PROCEDURES	将文本文件中的内部存储过程追加到当前数据库的内部存储过程中
ASSERT	若指定的逻辑表达式为假，则显示一个消息框
AVERAGE	计算数值型表达式或者字段的算术平均值
BEGIN TRANSACTION	开始一个事务
BLANK	清除当前所有字段的数据
BROWSE	打开浏览窗口
BUILD APP	创建以 .app 为扩展名的应用程序
BUILD DLL	创建一个动态链接库
BUILD EXE	创建一个可执行文件
BUILD PROJECT	创建并联编一个项目文件
CALCULATE	对表中的字段或字段表达式执行财务和统计操作
CALL	执行由 LOAD 命令放入内存的二进制文件、外部命令或外部函数
CANCEL	终止当前运行的 Visual FoxPro 程序文件
CD | CHDIR	将默认的 Visual FoxPro 目录改为指定的目录
CHANGE	显示要编辑的字段
CLEAR	清除屏幕，或从内存中释放指定项
CLOSE	关闭各种类型的文件
CLOSE MEMO	关闭备注编辑窗口
COMPILE	编译程序文件，并生成对应的目标文件
COMPILE DATABASE	编译数据库中的内部存储过程
COMPILE FORM	编译表单对象
CONTINUE	继续执行前面的 LOCATE 命令
COPY FILE	复制任意类型的文件
COPY INDEXES	由单索引文件（扩展名为 .idx）创建复合索引文件
COPY MEMO	将当前记录的备注字段的内容复制到一个文本文件中
COPY PROCEDURES	将当前数据库中的内部存储过程复制到文本文件中

续表

命　　　令	功　　　能
COPY STRUCTURE	创建一个同当前表具有相同数据结构的空表
COPY STRUCTURE EXTENDED	将当前表的结构复制到新表中
COPY TAG	由复合索引文件中的某一索引标识创建一个单索引文件（扩展名为.idx）
COPY TO	将当前表的数据复制到指定新文件中
COPY TO ARRAY	将当前表中的数据复制到数组中
COUNT	计算表记录数目
CREATE	创建一个新的 Visual FoxPro 表
CREATE CLASS	打开类设计器，创建一个新的类定义
CREATE CLASSLIB	以.vcx 为扩展名创建一个新的可视类库文件
CREATE COLOR SET	从当前颜色选项中生成一个新的颜色集
CREATE CONNECTION	创建一个命名联接，并把它存储在当前数据库中
CREATE CURSOR—SQL	创建临时表
CREATE DATABASE	创建并打开数据库
CREATE FORM	打开表单设计器
CREATE FROM	利用 COPY STRUCTURE EXTENDED 命令建立的文件创建一个表
CREATE LABEL	启动标签设计器，创建标签
CREATE MENU	启动菜单设计器，创建菜单
CREATE PROJECT	打开项目管理器，创建项目
CREATE QUERY	打开查询设计器，创建查询
CREATE REPORT	在报表设计器中创建报表
CREATE REPORT…	快速报表命令，以编程方式创建一个报表
CREATE SCREEN…	快速屏幕命令，以编程方式创建屏幕画面
CREATE SQL VIEW	显示视图设计器，创建一个 SQL 视图
CREATE TABLE—SQL	创建具有指定字段的表
CREATE TRIGGER	创建一个表的触发器
CREATE VIEW	从 Visual FoxPro 环境中生成一个视图文件
DEACTIVATE MENU	使一个用户自定义菜单栏失效，并将它从屏幕上移开
DEACTIVATE POPUP	关闭用 DEFINE POPUP 创建的菜单
DEACTIVATE WINDOW	使窗口失效，并将它们从屏幕上移开
DEBUG	打开 Visual FoxPro 调试器
DEBUGOUT	将表达式的值显示在"调试输出"窗口中
DECLARE	创建一维或二维数组
DEFINE BAR	在 DEFINE POPUP 创建的菜单上创建一个菜单项
DEFINE BOX	在打印文本周围画一个框
DEFINE CLASS	创建一自定义的类或子类，同时定义这个类或子类的属性、事件和方法程序
DEFINE MENU	创建一个菜单栏

续表

命　　令	功　　能
DEFINE PAD	在菜单栏上创建菜单标题
DEFINE POPUP	创建菜单
DEFINE WINDOW	创建一个窗口，并定义其属性
DELETE	对要删除的记录做标记
DELETE CONNECTION	从当前的数据库中删除一个命名联接
DELETE DATABASE	从磁盘上删除一个数据库
DELETE FILE	从磁盘上删除一个文件
DELETE FROM—SQL	对要删除的记录做标记
DELETE TAG	删除复合索引文件（.cdx）中的索引标识
DELETE TRIGGER	从当前数据库中移去一个表的触发器
DELETE VIEW	从当前数据库中删除一个 SQL 视图
DIMENSION	创建一维或二维的内存变量数组
DIR 或 DIRECTORY	显示目录或文件信息
DISPLAY	在窗口中显示当前表的信息
DISPLAY CONNECTIONS	在窗口中显示当前数据库中的命名联接的信息
DISPLAY DATABASE	显示当前数据库的信息
DISPLAY DLLS	显示 32 位 Windows 动态链接库函数的信息
DISPLAY FILES	显示文件的信息
DISPLAY MEMORY	显示内存或数组的当前内容
DISPLAY OBJECTS	显示一个或一组对象的信息
DISPLAY PROCEDURES	显示当前数据库中内部存储过程的名称
DISPLAY STATUS	显示 Visual FoxPro 环境的状态
DISPLAY STRUCTURE	显示表的结构
DISPLAY TABLES	显示当前数据库中的所有表及其相关信息
DISPLAY VIEWS	显示当前数据库中视图的信息
DO	执行一个 Visual FoxPro 程序或过程
DO CASE...ENDCASE	多项选择命令，执行第一组条件表达式计算为"真"（.T.）的命令
DO FORM	运行已编译的表单或表单集
DO WHILE...ENDDO	DO WHILE 循环语句，在条件循环中运行一组命令
DOEVENTS	执行所有等待的 Windows 事件
DROP TABLE	把表从数据库中移出，并从磁盘中删除
DROP VIEW	从当前数据库中删除视图
EDIT	显示要编辑的字段
EJECT	向打印机发出换页符
EJECT PAGE	向打印机发出有条件走纸的指令
END TARANSACTION	结束当前事务

续表

命　　令	功　　能
ERASE	从磁盘上删除文件
ERROR	生成一个 Visual FoxPro 错误信息
EXIT	退出 DO WHILE、FOR 或 SCAN 循环语句
EXPORT	从表中将数据复制到不同格式的文件中
EXTERNAL	对未定义的引用，向应用程序编译器发出警告
FIND	查找命令，现用 SEEK 命令来代替
FLUSH	将对表和索引所做出的改动存入磁盘
FOR EACH...ENDFOR	FOR 循环语句，对数组中或集合中的每一个元素执行一系列命令
FOR...ENDFOR	FOR 循环语句，按指定的次数执行一系列命令
FUNCTION	定义一个用户自定义函数
GATHER	将选定表中当前记录的数据替换为某个数组、内存变量数组或对象中的数据
GETEXPR	显示表达式生成器，以便创建一个表达式，并将表达式存储在一个内存变量或数组元素中
GO | GOTO	移动记录指针，使它指向指定记录号的记录
HELP	打开帮助窗口
HIDE POPUP	隐藏用户自定义的活动菜单栏
HIDE WINDOW	隐藏一个活动窗口
IF...ENDIF	条件转向语句，根据逻辑表达式，有条件地执行一系列命令
IMPORT	外部文件格式导入数据，创建一个 Visual FoxPro 新表
INDEX	创建一个索引文件
INPUT	从键盘输入数据，输入一个内存变量或元素
INSERT	在当前表中插入新记录
INSERT INTO—SQL	在表尾追加一个包含指定字段值的记录
JOIN	联接两个表来创建新表
KEYBOARD	将指定的字符表达式放入键盘缓冲区
LABEL	从一个表或标签定义文件中打印标签
LIST	显示表或环境信息
LIST CONNECTIONS	显示当前数据库中命名联接的信息
LIST DATABASE	显示当前数据库的信息
LIST DLLS	显示有关 32 位 Windows DLL 函数的信息
LIST FILES	显示文件信息
LIST MEMORY	显示变量信息
LIST OBJECTS	显示一个或一组对象的信息
LIST PROCEDURES	显示数据库中内部存储过程的名称
LIST STATUS	显示状态信息
LIST TABLES	显示存储在当前数据库中的所有表及其信息
LIST VIEWS	显示当前数据库中的 SQL 视图信息

续表

命 令	功 能
LOAD	将一个二进制文件、外部命令或者外部函数装入内存
LOCAL	创建一个本地内存变量或内存变量数组
LOCATE	按顺序查找满足指定条件（逻辑表达式）的第一个记录
LPARAMETERS	指定本地参数，接受调用程序传递来的数据
MD | MKDIR	在磁盘上创一个新目录
MENU	创建菜单系统
MENU TO	激活菜单栏
MODIFY CLASS	打开类设计器，允许修改已有的类定义或创建新的类定义
MODIFY COMMAND	打开编辑窗口，以便修改或创建一个程序文件
MODIFY CONNECTION	显示联接设计器，允许交互地修改当前数据库中贮存的命名联接
MODIFY DATABASE	打开数据库设计器，允许交互地修改当前数据库
MODIY FILE	打开编辑窗口，以便修改或创建一个文本文件
MODIFY FORM	打开表单设计器，允许修改或创建表单
MODIFY GENERAL	打开当前记录中通用字段的编辑窗口
MODIFY LABEL	修改或创建标签，并把它们保存到标签定义文件中
MODIFY MEMO	打开一个编辑窗口，以便编辑备注字段
MODIFY MENU	打开菜单设计器，以便修改或创建菜单系统
MODIFY PROCEDURE	打开 Visual FoxPro 文本编辑器，为当前数据库创建或修改内部存储过程
MODIFY PROJECT	打开项目管理器，以便修改或创建项目文件
MODIFY QUERY	打开查询设计器，以便修改或创建查询
MODIFY REPORT	打开报表设计器，以便修改或创建报表
MODIFY SCREEN	打开表单设计器，以便修改或创建表单
MODIFY STRUCTURE	显示"表结构"对话框，允许在对话框中修改表的结构
MODIFY VIEW	显示视图设计器，允许修改已有的 SQL 视图
MODIFY WINDOW	修改窗口
MOUSE	单击、双击、移动或拖动鼠标
MOVE POPUP	把菜单移到新位置
MOVE WINDOW	把窗口移动到新的位置
ON BAR	指定要激活的菜单或菜单栏
ON ERROR	指定发生错误时要执行的命令
ON ESCAPE	程序或命令执行期间，指定按【Esc】键时所执行的命令
ON EXIT BAR	离开指定的菜单项时执行的命令
ON KEY LABEL	当按下指定的键（组合键）或单击鼠标时，执行指定的命令
ON PAD	指定选定菜单标题时，要激活的菜单或菜单栏
ON PAGE	当打印输出到达报表指定行或使用 EJECT PAGE 时，指定执行的命令
ON READERROR	指定为响应数据输入错误时执行的命令

续表

命　　令	功　　能
ON SELECTION BAR	指定选定菜单项时执行的命令
ON SELECTION MENU	指定选定菜单栏的任何菜单标题时执行的命令
ON SELECTION PAD	指定选定菜单栏上的菜单标题时执行的命令
ON SELECTION POPUP	指定选定弹出式菜单的任一菜单项时执行的命令
ON SHUTDOWN	当试图退出 Visual FoxPro、Microsoft Windows 时，执行指定的命令
OPEN DATABASE	打开数据库
PACK	永久删除当前表中具有删除标记的所有记录
PACK DATABASE	从当前数据库中删除已做删除标记的记录
PACK METERS	把调用程序传递过来的数据赋给私有内存变量或数组
PLAY MSCRO	执行一个键盘宏
POP KEY	恢复用 PUSH KEY 命令放入堆栈内的 ON KEY LABEL 指定的键值
POP POPUP	恢复用 PUSH POPUP 放入堆栈内的指定的菜单定义
PRIVATE	在当前程序文件中指定隐藏调用程序中定义的内存变量或数组
PROCEDURE	标识一个过程的开始
PUBLIC	定义全局内存变量或数组
PUSH KEY	把所有当期 ON KEY LABEL 命令设置放入内存的堆栈中
PUSH MENU	把菜单栏定义放入内存的菜单栏定义堆栈中
PUSH POPUP	把菜单定义放入内存的菜单定义堆栈中
QUIT	结束当前运行的 Visual FoxPro，并把控制移交给操作系统
RD | RMDIR	从磁盘上删除目录
READ	激活控件，现用表单设计器代替
READ EVENTS	开始事件处理
READ MENU	激活菜单，现用表单设计器代替
RECALL	在选定表中，去掉指定记录的删除标记
REGIONAL	创建局部内存变量和数组
REINDEX	重建已打开的索引文件
RELEASE	从内存中删除内存变量或数组
RELEASE BAR	从内存中删除指定菜单项或所有菜单项
RELEASE CLASSLIB	关闭包含类定义的.vcx 可视类库
RELEASE LIBRARY	从内存中删除一个单独的外部 API 库
RELEASE MENUS	从内存中删除用户自定义菜单栏
RELEASE PAD	从内存中删除指定的菜单标题或所有菜单标题
RELEASE POPUPS	从内存中删除指定的菜单或者所有菜单
RELEASE PROCEDURE	关闭用 SET PROCEDURE 打开的过程
RELEASE WINDOWS	从内存中删除窗口
RENAME	把文件名改为新文件名

续表

命 令	功 能
RENAME CLASS	对包含在 .vcx 可视类库的类定义重新命名
RENAME CONNECTION	给当前数据库中已命名的联接重新命名
RENAME TABLE	重新命名当前数据库中的表
RENAME VIEW	重新命名当前数据库中的 SQL 视图
REPLACE	更新表的记录
REPLACE FROM ARRAY	用数组中的值更新字段数据
REPORT FORM	显示或打印报表
RESTORE FORM	检索内存文件或备注字段中的内存变量和数组，并把它们放入内存中
RESTORE MACROS	把保存在键盘宏文件或备注字段中的键盘宏还原到内存中
RESTORE SCREEN	恢复先前保存在屏幕缓冲区、内存变量或数组元素中的窗口
RESTORE WINDOW	把保存在窗口文件或备注字段中的窗口定义或窗口状态恢复到内存中
RESUME	继续执行挂起的程序
RETRY	重新执行同一个命令
RETURN	把程序控制返回给调用程序
ROLLBACK	取消当前事务期间所做的任何改变
RUN | !	运行外部操作命令或程序
SAVE SCREEN	把窗口的图像保存在屏幕缓冲区、内存变量或数组元素中
SAVE TO	把当前内存变量或数组保存到内存变量文件或备注字段中
SAVE WINDOWS	把窗口定义保存到窗口文件或备注字段中
SCAN…ENDSCAN	记录指针遍历当前选定的表，并对所有满足指定条件的记录执行一组命令
SCATTER	把当前记录的数据复制到一组变量或数组中
SCROLL	向上、下、左或右滚动窗口的一个区域
SEEK	在当前表中查找首次出现的、索引关键字与通用表达式匹配的记录
SELECT	激活指定的工作区
SELECT—SQL	从表中查询数据
SET	打开数据工作期窗口
SET ALTERNATE	把?、??、DISPLAY 或 LIST 命令创建的输出定向到一个文本文件
SET ANSI	确定 Visual FoxPro SQL 命令中如何用操作符=对不同长度字符串进行比较
SET ASSERTS	是否执行 ASSERT 命令
SET AUTOSAVE	当退出 READ 或返回到命令窗口时，确定 Visual FoxPro 是否把缓冲区中的数据保存到磁盘上
SET BELL	打开或关闭计算机的铃声，并设置铃声属性
SET BLINK	设置闪烁属性或高密度属性
SET BLOCKSIZE	指定 Visual FoxPro 如何为保存备注字段分配磁盘空间
SET BORDER	为要创建的框、菜单和窗口定义边框，现用 BorderStyle Property 代替
SET BRSTATUS	控制浏览窗口中状态栏的显示

续表

命　　　令	功　　　能
SET CARRY	确定是否将当前记录的数据送到新记录中
SET CENTURY	确定是否显示日期表达式的世纪部分
SET CLASSLIB	打开一个包含类定义的.vcx 可视类库
SET CLEAR	当 SET FORMAT 执行时，确定是否清除 Visual FoxPro 主窗口
SET CLOCK	确定是否显示系统时钟
SET COLLATE	指定在后续索引和排序操作中字符字段的排序顺序
SET COLOR OF	指定用户自定义菜单和窗口的颜色
SET COLOR OF SCHEME	指定配色方案中的颜色
SET COLOR SET	加载已定义的颜色集
SET COLOR TO	指定用户定义菜单和窗口的颜色
SET COMPATIBLE	控制与 FoxBase+以及其他 Xbase 语言的兼容性
SET CONFIRM	指定是否可以通过在文本框中输入最后一个字符来退出文本框
SET CONSOLE	启用或废止从程序内向窗口的输出
SET COVERAGE	开或关编辑日志，或指定一文本文件，编辑日志的所有信息将输到其中
SET CPCOMOPILE	指定编辑程序的代码页
SET CPDIALOG	打开表时，指定是否显示"代码页"对话框
SET CURRENCY	定义货币符号，并指定货币符号在数值型表达式中的显示位置
SET CURSOR	Visual FoxPro 等待输入时，确定是否显示插入点
SET DATASESSION	激活指定表单的数据工作期
SET DATE	指定日期表达式（日期时间表达式）的显示格式
SET DATEBASE	指定当前数据库
SET DEBUG	从 Visual FoxPro 的菜单系统中打开调试窗口和跟踪窗口
SET DEBUGOUT	将调试结果输出到文件
SET DECIMALS	显示数值表达式时指定小数位数
SET DEFAULT	指定默认驱动器、目录（文件夹）
SET DELETED	指定 Visual FoxPro 是否处理带有删除标记的记录
SET DELIMITED	指定是否分隔文本框
SET DEVELOPMENT	在运行程序时，比较目标文件的编译时间与程序的创建日期时间
SET DEVICE	指定@…SAY 产生的输出定向到屏幕、打印或文件中
SET DISPLAY	在支持不同显示方式的监视器上允许更改当前显示方式
SET DOHISTORY	把程序中执行过的命令放入命令窗口或文本文件中
SET ECHO	打开程序调试器及跟踪窗口
SET ESCAPE	按【Esc】键时，中断所执行的程序和命令
SET EVENTLIST	指定调试时跟踪的事件
SET EVENTTRACKING	开启或关闭事件跟踪，或将事件跟踪结果输出到文件
SET EXACT	指定用精确或模糊规则来比较两个不同长度的字符串

续表

命　　　令	功　　　能
SET EXCLUSIVE	指定 Visual FoxPro 以独占方式还是以共享方式打开表
SET FDOW	指定一星期的第一天
SET FIELDS	指定可以访问表中的哪些字段
SET FILTER	指定访问当前表中记录时必须满足的条件
SET FIXED	数值数据显示时，指定小数位数是否固定
SET FULLPATH	指定 CDX()、DBF()、IDX()和 NDX()是否返回文件名的路径
SET FUNCTION	把表达式（键盘宏）赋给功能键或组合键
SET FWEEK	指定一年的第一周要满足的条件
SET HEADINGS	指定显示文件内容时，是否显示字段的列标头
SET HELP	启用或废止 Visual FoxPro 的联机帮助功能，或指定一个帮助文件
SET HELPFILTER	让 Visual FoxPro 在帮助窗口显示.dbf 风格帮助主题的子集
SET HOURS	将系统时钟设置成 12 或 24 小时格式
SET INDEX	打开索引文件
SET KEY	指定基于索引键的访问记录范围
SET KEYCOMP	控制 Visual FoxPro 的击键位置
SET LIBRARY	打开一个外部 API（应用程序接口）库文件
SET LOCK	激活或废止在某些命令中的自动锁定文件
SET LOGERRORS	确定 Visual FoxPro 是否将编译错误信息送到一个文本文件中
SET MACKEY	指定显示"宏键定义"对话框的单个键或组合键
SET MARGIN	设定打印的左页边距，并对所有定向到打印机的输出结果都起作用
SET MARK OF	为菜单标题或菜单项指定标记字符
SET MARK TO	指定日期表达式显示时的分隔符
SET MEMOWIDTH	指定备注字段和字符表达式的显示宽度
SET MESSAGE	定义在 Visual FoxPro 主窗口或图形状态栏中显示的信息
SET MOUSE	设置鼠标能否使用，并控制鼠标的灵敏度
SET MULTILOCKS	可以用 LOCK()或 RLOCK()锁住多个记录
SET NEAR	FIND 或 SEEK 查找命令不成功时，确定记录指针停留的位置
SET NOCPTRANS	防止把已打开表中的选定字段转到另一个代码页
SET NOTIFY	显示某种系统信息
SET NULL	确定 ALTER TABLE、CREATE TABLE、INSERT—SQL 命令是否支持 NULL 值
SET NULLDISPLAY	指定 NULL 值显示时对应的字符串
SET ODOMETER	为处理记录的命令设置计数器的报告间隔
SET OLEOBJECT	Visual FoxPro 找不到对象时，指定是否在"Windows Registry"中查找
SET OPTIMIZE	使用 Rushmore 优化
SET ORDER	为表指定一个控制索引文件或索引标识
SET PALETTE	指定 Visual FoxPro 使用默认调色板

续表

命　　　令	功　　　　　能
SET PATH	指定文件搜索路径
SET PDSETUP	加载/清除打印机驱动程序
SET POINT	显示数值表达式或货币表达式时，确定小数点字符
SET PRINTER	指定输出的打印机
SET PROCEDURE	打开一个过程文件
SET PEADBORDER	确定是否在@···GET 创建的文本框周围放上边框
SET REFRESH	当网络上其他用户修改记录时，确定是否更新浏览窗口
SET RELATION	建立两个或多个已打开的表之间的关系
SET RELATION OFF	解除当前选定工作区父表与相关子表间已建立的关系
SET REPROCESS	指定一次锁定尝试不成功时，允许再尝试加锁的次数或时间
SET RESOURCE	指定或更新资源文件
SET SAFETY	在改写已有文件前，确定是否显示对话框
SET SCOREBOARD	指定在何处显示【Num Lock】、【Caps Lock】和【Insert】等键的状态
SET SECONDS	当显示日期时间值时，指定显示时间部分的秒
SET SEPARATOR	在小数点左边，指定每 3 位数一组所用的分隔字符
SET SHADOWS	给窗口、菜单、对话框和警告信息放上阴影
SET SKIP	在表之间建立一对多的关系
SET SKIP OF	启用或废止用户自定义菜单或 Visual FoxPro 系统菜单的菜单栏、菜单标题或菜单项
SET SPACE	设置?或??命令时，确定字段或表达式之间是否要显示一个空格
SET STATUS	显示或删除字符表示的状态栏
SET STATUS BAR	显示或删除图形状态栏
SET STEP	为程序调试打开跟踪窗口并挂起程序
SET STICKY	在选择一个菜单项、按【Esc】键或在菜单区域外单击鼠标前，指定菜单保持拉下状态
SET SYSFORMATS	指定 Visual FoxPro 系统设置是否随当前 Windows 系统设置而更新
SET SYSMENU	在程序运行期间，启用或废止 Visual FoxPro 系统菜单栏，并对其重新配置
SET TALK	确定是否显示命令结果
SET TEXTMERGE	指定是否对文本合并分隔符括起的内容进行计算，允许指定文本合并输出
SET TEXTMERGE DELIMETERS	指定文本合并分隔符
SET TOPIC	激活 Visual FoxPro 帮助系统时，指定打开的帮助主题
SET TOPIC ID	激活 Visual FoxPro 帮助系统时，指定显示的帮助主题
SET TRBETWEEN	在跟踪窗口的断点之间启用或废止跟踪
SET TYPEAHEAD	指定键盘输入缓冲区可以存储的最大字符数
SET UDFPARMS	指定参数传递方式（按值传递或引用传递）
SET UNIQUE	指定有重复索引关键字值的记录是否被保留在索引文件中
SET VIEW	打开或关闭数据工作期窗口，或从一个视图文件中恢复 Visual FoxPro 环境
SET WINDOW OF MEMO	指定可以编辑备注字段的窗口

续表

命　　　令	功　　　能
SHOW GET	重新显示所指定到内存变量、数组元素或字段的控件
SHOW GETS	重新显示所有控件
SHOW MENU	显示用户自定义菜单栏，但不激活该菜单
SHOW OBJECT	重新显示指定控件
SHOW POPUP	显示用 DEFINE POPUP 定义的菜单，但不激活该菜单
SHOW WINDOW	显示窗口，但不激活它们
SIZE POPUP	改变用 DEFINE POPUP 创建的菜单大小
SIZE WINDOW	更改窗口的大小
SKIP	使记录指针在表中向前或向后移动
SORT	对当前表排序，并将排序后的记录输出到一个新表中
STORE	把数据贮存到内存变量、数组或数组元素中
SUM	对当前表的指定数值字段或全部数值字段进行求和
SUSPEND	暂停程序的执行，并返回到 Visual FoxPro 交互状态
TEXT…ENDTEXT	输出若干行文本、表达式和函数的结果
TOTAL	计算当前表中数值字段的总和
TYPE	显示文件的内容
UNLOCK	从表中释放记录锁定或文件锁定
UPDATE	用其他表的数据更新当前选定工作区中打开的表
UPDATE—SQL	以新值更新表中的记录
USE	打开表及其相关索引文件，或打开一个 SQL 视图，或关闭所有表
VALIDATE DATABASE	保证当前数据库中表和索引位置的正确性
WAIT	显示信息并暂停 Visual FoxPro 的执行，等待一任意键的输入
WITH…ENDWITH	给对象指定多个属性
ZAP	清空打开的表，只留下表的结构
ZOOM WINDOW	改变窗口的大小及位置

附录 C Visual FoxPro 6.0 常用属性一览表

属　　性	功　　能	默认值
Activate Event	当表单集、表单、页对象激活，或者显示工具栏对象时发生	
ActivateCell	激活表格控件中的一个单元格	
ActivateControl	引用一个对象上的活动控件	0
ActiveColumn	指定表格控件中包含活动单元格的列	0
ActiveForm	引用表单集中的活动表单对象	0
ActivePage	返回页框对象中活动页的页码	1
AddColumn	在表格控件中添加列对象	
AddItem	在组合框或列表框控件中添加新数据项，并指定该数据项的索引是否是可选的	
AddListItem	在组合框或列表框控件中添加新数据项，并指定该数据项的数据项标识是否是可选的	
AddObject	在运行时向容器对象中添加一个对象	
AddProperty	向对象添加新属性	
AfterRowColChange Event	当用户移到另一行或另一列，且新单元格获得焦点时发生	
Alignment	指定与控件相关联的文本对齐方式	0-左
AllowAddNew	指定是否可以将表格中的新记录添加到表中	.F.-假
AllowHeaderSizing	指定表格标头高度在运行期间能否改变	.T.-真
AllowRowSizing	指定能否人工调整表格中行的大小	.T.-真
AlwaysOnBottom	防止其他窗口被表单窗口覆盖	.F.-假
AlwaysOnTop	防止其他窗口遮挡表单	.F.-假
AutoCenter	指定 Form 对象在首次显示时，是否自动在 Visual FoxPro 主窗口内居中显示	.F.-假
AutoSize	指定是否自动调整控件大小以容纳其内容	.F.-假
AutoVerbMenu	指定当用户用鼠标右击 ActiveX 控件时，是否显示包含该对象谓词的快捷菜单	.T.-真
BackColor	指定对象内文本和图形的背景色	
BackStyle	指定对象的背景是否透明	1-不透明
BaseClass	指定 Visual FoxPro 基类的类名，被引用对象由此基类派生得到	
BeforeRowColChange Event	当用户移到另一行或另一列，而新的单元格尚未获得输入焦点时发生此事件	
BorderColor	指定对象的边框颜色	0,0,0
BorderStyle	指定对象的边框样式	3-可调边框
BoundColumn	指定包含多列的列表框控件或组合框控件中，哪一列绑定到该控件的 Value 属性上	1
BoundTo	指定列表框控件或组合框控件的 Value 属性是由 List 属性还是由 ListIndex 属性来决定	.F.-假
Box	在表单对象上绘制矩形	

属　　性	功　　　　能	默认值
BufferMode	指定记录是保守式更新还是开放式更新	0-无
ButtonCount	指定一个命令按钮组或选项按钮组中的按钮数目	2
Buttons	用于存取一组中每一按钮的数组	0
Cancel	指定命令按钮是否为"取消"按钮	.F.-假
Caption	指定对象标题文本	
Century	指定公元年份是显示为 4 位数还是 2 位数	1-On
ChildOrder	为表格控件或关系对象的记录源指定索引标识	无
Circle	在表单上绘制圆或弧	
Class	返回派生对象的类的类名	
ClassLibrary	指定用户自定义类库的文件名，该类库包含对象的类	无
Clear	清除组合框或列表框控件中的内容	
Click Event	当用户在一个对象上单击鼠标按钮，或用编程方式触发该事件时发生	
ClipControls	指定在 Paint 事件中，图形方法程序是否会重画整个对象，并且是否创建将非图形控件排除在外的剪切区域	.T.-真
Closable	指定能否通过双击窗口菜单图标来关闭表单	.T.-真
Cls	清除表单中的图形和文本	
ColorScheme	指定控件所使用的配色方案	1-用户窗口
ColorSource	指定控件颜色的设置方式	4-Windows 控件面板（3D 颜色）
ColumnCount	指定表格，组合框或列表框控件中列对象的数目	0
ColumnLines	显示或隐藏列之间的分割线	.T.-真
ColumnWidths	指定一个组合框或列表框控件的列宽	无
Comment	存储对象的有关信息	无
ContinuousScroll	指定表单是平滑地滚动，还是只在释放滚动框后才重绘	.T.-真
ControlBox	指定在运行时表单或工具栏的左上角是否显示窗口菜单图标	.T.-真
ControlCount	指定容器对象中控件的数目	0
Controls	用于存取容器对象中控件的数组	0
ControlSource	指定与对象建立联系的数据源	无
CurrentX	指定下一个绘图方法程序的水平坐标	0
CurrentY	指定下一个绘图方法程序的垂直坐标	0
Curvature	指定形状控件的角的曲率	0
DataSession	指定表单、表单集或工具栏能否在自己的数据工作期中运行，并拥有独立的数据环境	1-默认数据工作期
DataSessionId	返回数据工作期标识，该标识用于识别表单集，表单或工具栏的私有数据工作期	1
DateFormat	指定数据格式	0-默认

续表

属　性	功　能	默认值
DateMark	指定日期分隔符	无
DblClick Event	当用户双击左（主）鼠标按钮时发生	
Deactivate Event	当一个容器对象（如表单）由于其所含对象没有焦点而不再活动时发生	
Default	指定按【Enter】时，哪一个命令按钮进行响应	.F.－假
DefoleLCID	指定在此表单上创建的 ActiveX 控件和可插入对象的默认本地 ID。如果该值为零，SYS（3004）将指定默认的本地 ID	0
DeleteColumn	从表格控件中删除一个列对象	
Deleted Event	当用户对记录做删除标记或发出 DELETE 命令时发生	
DeleteMark	指定表格控件中是否显示删除标记列	.T.－真
Desktop	指定表单是否包含在 Visual FoxPro 主窗口中	.F.－假
Destroy Event	释放一个对象时发生	
DisabledBackColor	指定一个失效控件的背景色	236,233,216
DisabledForeColor	指定一个失效控件的前景色	172,168,153
DisabledItemBackColor	指定组合框或列表框中失效数据项的背景色	255,255,255
DisabledItemForeColor	指定组合框或列表框中失效数据项的前景色	172,168,153
DisabledPicture	指定在使控件失效时显示的图形	无
DisplayCount	指定显示在组合框下拉列表中的条目个数	0
DisplayValue	指定列表框或组合框中选定数据项的第一列的内容	无
DocumentFile	返回用于创建嵌入对象或链接对象的文件名	无
DoScroll	模拟用户单击滚动条的方式滚动表格控件	
DoVerb	执行指定对象上的谓词	
DownClick Event	当单击控件上的下箭头键时发生	
DownPicture	指定当控件被选定时要显示的图形	无
Drag	启动、中止或取消一个拖动操作	
DragDrop Event	当拖动操作完成时发生	
DragIcon	指定在拖动操作中显示为鼠标指针的图标	无
DragMode	指定 MouseDown 事件上的拖动操作为人工或自动拖动	0－人工
DragOver Event	当拖动一个控件到目标对象上时发生	
Draw	重新绘制表单对象	
DrawMode	与颜色属性共同指定形状或线条在屏幕上的显示方式	13－Copy Pen
DrawStyle	指定在用图形方法程序绘制时使用的线条样式	0－实线
DrawWidth	指定用图形方法程序输出的线条宽度	1
DropDown Event	对于组合框控件，在单击下箭头键后即将下拉其列表部分时发生	
Enabled	指定表单或控件能否响应由用户引发的事件	.T.－真
Error Event	当一个方法程序中存在运行错误时发生	
ErrorMessage Event	当 Valid 事件返回"假"（.F.），并提供显示错误信息的方法程序时发生	

续表

属　　性	功　　　　能	默认值
FillColor	指定图形例程在对象上绘制形状时使用的填充色	0,0,0
FillStyle	指定 Circle 和 Box 图形方法程序创建形状和图形时所用的填充图案	1–透明
FirstElement	指定组合框或列表框控件中显示的第一元素	1
FontBold	指定文字是否为粗体	.F.–假
FontCondense	指定文本是否压缩（仅 Macintosh）	.F.–假
FontExtend	指定文本是否扩展（仅 Macintosh）	.F.–假
FontItalic	指定文字是否为斜体	.F.–假
FontName	指定显示文本的字体名	宋体
FontOutline	指定与控件相关联的文字是否显示为空心字（仅适用于 Macintosh）	.F.–假
FontShadow	指定与控件相关联的文字是否带有阴影（仅适用于 Macintosh）	.F.–假
FontSize	指定对象文本的字体大小	9
FontStrikethru	指定文字是否带有删除线	
ForeColor	指定显示对象中文本和图形的前景色	0,0,0
Format	指定一个控件的 Value 属性的输入和输出格式	无
GoBack	向后执行历史记录列表中的超链接跳转	
GoForward	向前执行历史记录列表中的超链接跳转	
GotFocus Event	当一个对象通过用户操作或以代码方式得到焦点时发生	
GridHitTest	返回指定的 x 坐标和 y 坐标在表格中的位置信息	
GridLineColor	指定表格控件中用于分隔单元格的分隔线的颜色	0,0,0
GridLines	指定表格控件中是否显示水平线和垂直线	3–既水平又垂直
GridLineWidth	以像素为单元，指定表格控件中分隔线的粗细	1
HalfHeightCaption	指定表单的标题是否为正常高度的一半	.F.–假
HeaderHeight	指定表格控件中列标头的高度	19
Height	指定屏幕上一个对象的高度	
HelpContextID	为"帮助"文件中的一个帮助主题指定上下标识以提供与上下文相关的帮助	0
Hide	通过设置 Visible 属性为"假"（.F.），隐藏一个表单、表单集或工具栏	
HideSelection	指定当控件失去焦点时，控件中选定的文本是否仍显示为选定状态	.T.–真
Highlight	指定表格控件中带有焦点的单元格是否显示为选定状态	.T.–真
HighlightRow	指定表格中选定的行是否显示空心字	.T.–真
HostName	返回或设置用户的 Visual FoxPro 应用程序的宿主名，该宿主名是用户可读的	无
Hours	指定时间显示为 12 小时制还是 24 小时制	0–默认
HScrollSmallChange	指定表单水平滚动条的滚动增量	10
Icon	指定在运行期间表单最小化时，表示该表单的图标	无
IMEMode	判定默认的 IME 状态是关闭、打开或者自动	0–无控件
IncrementalSearch	指定控件是否支持键盘控制下的渐进式查找	.T.–真
IndexToItemId	返回给定数据项标识的索引值	

续表

属　　性	功　　　能	默认值
Init Event	创建一个对象时发生	
InputMask	指定在一个控件中如何输入和显示数据	无
IntegralHeight	指定控件是否自动重新调整大小以防文本只能显示一部分	.F.-假
InteractiveChange Event	当用户使用键盘或鼠标更改控件的值时发生	
ItemBackColor	指定组合框或列表框控件中数据项文本的背景色	255,255,255
ItemData	使用索引值来引用一个一维数组，该数组所含数据项的数目与组合框或列表框控件的 List 属性设置相同	0
ItemForeColor	指定组合框或列表框控件中数据项文本的前景色	0,0,0
ItemIDData	用唯一的标识号引用一维数组，该数组中包含的条目个数与组合框控件或列表框控件的 List 属性设置相同	0
ItemIdToIndex	返回 nIndex 的值，即控件列表中数据项的位置	
ItemTips	指定列表是否显示条目提示	
FontUnderLine	指定文字是否带有下划线	.F.-假
KeyPress Event	当用户按下并释放一个键时发生	
KeyPreview	指定表单的 KeyPress 事件是否截获控件的 KeyPress 事件	.F.-假
Left	对于控件，指定其最左边相对于其父对象的位置。对于 From 对象，指定表单的左边与 Visual FoxPro 主窗口之间的距离	-1
LeftColumn	表格控件中显示的最左列的列号	1
Line	在表单对象上绘制线条	
LinkMaster	指定与表格控件中所显示的子表相链接的父表	无
List	用以存取组合框或列表框控件中数据项的字符串数组	无
ListCount	组合框或列表框控件的列表部分中数据项的数目	0
ListIndex	指定组合框或列表框控件中选定数据项的索引值	0
ListItem	通过数据项标识存取组合框或列表框控件中数据项的字符串数组	无
ListItemId	指定组合框或列表框控件中选定数据项的唯一标识值	0
Load Event	在一个对象创建前发生	
LockScreen	指定当改变了表单及其所包含控件的属性时，表单是否成批地应用所有改动	.F.-假
LostFocus Event	当一个对象失去焦点时发生	
MacDesktop	指定该表单是否包含在 Mac 桌面或 Visual FoxPro 主窗口中（仅 Macintosh）	0-自动
Margin	指定控件中文本部分的页边距	2
MaxButton	指定表单是否有最大化按钮	.T.-真
MaxHeight	指定调整表单大小时所能达到的最大高度	-1
MaxLeft	指定表单相对 Visual FoxPro 主窗口左边缘的最大距离	-1
MaxLength	指定控件中可输入的最大字符串长度（以字符数为单位）。零表示没有限制。对于文本框控件，仅当未指定 InputMask 时，MaxLength 才能应用于字符数据	0
MaxTop	指定表单相对 Visual FoxPro 主窗口上边缘的最大距离	-1
MaxWidth	指定表单可调整到的最大宽度	-1

续表

属　　性	功　　　　　能	默认值
MDIForm	指定表单是否为 MDI（多文档界面）窗口	.F.-假
MemoWindow	如果文本框控件的数据源是一个备注字段，则用来指定要使用的用户自定义的窗口名	无
Message Event	在屏幕下方的状态栏中显示消息	
MiddleClick Event	当用户在一个控件上单击鼠标的中间键时发生	
MinButton	指定表单是否有最小化按钮	.T.-真
MinHeight	指定表单可调整到的最小高度	-1
MinWidth	指定表单可调整到的最小宽度	-1
MouseDown Event	当用户单击鼠标键时发生此事件	
MouseIcon	指定在运行期间，当鼠标位于对象的某一特定部分时，用作自定义鼠标指针的光标文件	无
MouseMove Event	当用户移动鼠标指针到一个对象上时发生	
MousePointer	指定在运行期间，鼠标位于一个对象特定部分上时鼠标指针的形状	0-默认
MouseUp Event	当用户释放鼠标键时发生此事件	
MouseWheel Event	当用户移动鼠标到一个目标上时发生此事件	
Movable	指定在运行期间用户能否移动对象	.T.-真
Move	移动一个对象	.F.-假
Moved Event	当一个对象被移动到新位置或以编程方式更改一个容器对象的 Top 或 Left 属性设置时发生	
MoverBars	指定列表框控件内是否显示移动条	.F.-假
MultiSelect	指定用户能否在列表框控件内进行多重选定，以及如何进行多重选定	.F.-假
Name	指定在代码中用以引用对象的名称	
NavigateTo	向指定的目标执行超链接跳转	
NewIndex	指定最近添加到组合框或列表框控件中的数据项的索引值	0
NewItemId	指定最近添加到组合框或列表框控件中的数据项的标识	0
NewObject	在运行时向容器对象中添加一个对象	
NullDisplay	指定文本显示为空值	无
NumberOfElements	指定数组中有多少数据项用于填充组合框或列表框控件中的列表部分	0
Objects	一个用于访问容器对象的数组	0
OleClass	返回创建当前对象的服务器的名称	无
OLECompleteDrag Event	当数据放到放落目标上或 OLE 拖放操作取消时发生本事件	
OLEDrag	开始 OLE 拖放操作	
OLEDragDrop Event	当数据放到放落目标上，并且放落目标的 OLEDropMode 属性为 1（Enabled）时发生本事件	
OLEDragMode	指定拖放源管理 OLE 拖动操作的方式	0-人工
OLEDragOver Event	当数据放到放落目标上，并且放落目标的 OLEDropMode 属性为 1（Enabled）时发生本事件	
OLEDragPicture	指定在 OLE 拖放操作期间，显示在鼠标指针下的图片	无

续表

属　性	功　　　能	默认值
OLEDropEffects	指定 OLE 放落目标所支持的放落操作类型	3
OLEDropHasData	指定放落操作的管理方式	−1
OLEDropMode	指定放落目标管理 OLE 放落操作的方式	0-废止
OLEDropTextInsertion	指定在 OLE 拖放操作期间，能否将文本插入单词内部	0-可插入到任意位置
OLEGiveFeedback Event	本事件发生在每个 OLEDragOver 事件后。拖放源可用本事件指定 OLE 拖放操作的类型和视觉反馈	
OleLCID	返回 ActiveX 控件或可插入对象的本地 ID。该值是在创建表单对象时，由表单的 DefOLELCID 属性值决定的	1033
OLESetData Event	当放落目标调用 GetData 方法程序，但又不存在指定格式的数据时发生本事件	
OLEStartDrag Event	OLE 拖动操作一开始，在拖放源对象上就发生本事件	
OLETypeALLowed	返回包含某个控件中的 OLE 或 COM 对象的类型	−1-空
OpenWindow	指定当文本框控件绑定备注型字段时，是否自动打开备注窗口	.F.-假
PageCount	指定页框对象所含的页数目	2
PageHeight	指定页的高度	9
Pages	用以存取页框对象中各个页的数组	0
PageWidth	指定页的宽度	81
Paint Event	当表单或工具栏重新绘制时发生	
Panel	指定表格控件中的活动窗格	1-右
PanelLink	指定拆分表格时，表格控件的左右窗格是否相互链接	.T.-真
Parent	引用一个控件的容器对象	0
ParentClass	返回派生当前对象的父类的类名	无
Partition	指定表格控件是否拆分为两个窗格，并指定拆分条相对于表格左边的位置	0
PasswordChar	指定文本框控件内是显示用户输入的字符还是显示占位符；指定用作占位符的字符	无
Picture	指定显示在控件上的图形文件或字段	无
Point	返回表单上指定点的红-绿-蓝（RGB）值	
Print	在表单对象上打印一个字符串	
ProgrammaticChange Event	以编程方式更改控件的值时发生	
PSet	将表单上的某一点设置为指定颜色	
QueryUnload Event	在表单卸载之前发生	
RangeHigh Event	对于微调或文本框，返回允许用户输入的最大值。对于组合框或列表框，返回元素数目	
RangeLow Event	对于微调或文本框，返回允许用户输入的最小值。对于组合框或列表框，返回所显示的第一个元素的元素号	
ReadExpression	输入到属性表中用以设置属性值的表达式	
ReadMethod	返回指定方法程序的文本	

续表

属　　性	功　　　能	默认值
ReadOnly	指定用户能否编辑控件，或指定与 Cursor 对象相关联的表或视图是否允许更新	.F.-假
RecordMark	指定表格控件中是否显示记录选择器列	.T.-真
RecordSource	指定与表格控件建立联系的数据源	无
RecordSourceType	指定与表格控件建立联系的数据源如何打开	1-别名
Refresh	重新绘制表单或控件并刷新任何值	
RelationalExpr	指定基于父表中的字段而又与子表中的索引相关的表达式	无
RelativeColumn	指定表格控件中可见部分的活动列	0
RelativeRow	指定表格控件中可见部分的活动行	0
Release	从内存中释放表单集或表单	
ReleaseType	返回表示 Form 对象的释放方式的整数	
RemoveItem	从组合框或列表框中移去一个数据项	
RemoveListItem	从组合框或列表框中移去一个数据项	
RemoveObject	在运行期间移去 Container 对象内的指定对象	
Requery	重新查询与列表框或组合框控件建立联系的行源	
ResetToDefault	将属性/方法程序重置为继承值	
Resize Event	在调整对象尺寸时发生	
RightClick Event	当用户在一个控件上右击鼠标按钮时发生	
RightToLeft	按从左到右的读取顺序显示文本	.F.-假
RowHeight	指定表格控件中行的高度	18
RowSource	指定组合框或列表框控件中数据值的源	无
RowSourceType	指定控件中数据值的源的类型	0-无
SaveAll	对容器对象中的全部或某一类控件设置属性	
SaveAs	将对象保存为.scx 文件	
SaveAsClass	将对象的一个实例作为一种类的定义保存入类库	
ScaleMode	指定对象坐标的度量单位	3-像素
ScrollBars	指定控件所具有的滚动条类型	0-无
Scrolled Event	单击或拖动水平或垂直滚动条时，发生此事件	
Seconds	指定是否显示秒数	2-默认
Selected	指定组合框或列表框控件内的条目是否处于选定状态	.F.-假
SelectedBackColor	指定选定文本的背景色	49,106,197
SelectedForeColor	指定选定文本的前景色	255,255,255
SelectedID	指定组合框或列表框控件内的条目 ID 是否处于选定状态	.F.-假
SelectedItemBackColor	指定组合框或列表框中选定数据项的背景色	49,106,197
SelectedItemForeColor	指定组合框或列表框中选定数据项的前景色	255,255,255
SelectOnEntry	指定在用户单击列中的单元格或按【Tab】键移到该单元格时，该单元格是否将被选定	.F.-假
SelLength	返回用户在控件的文本输入区所选字符的数目，或指定要选定的字符数目	0
SelStart	返回用户在控件的文本输入区中所选定文本的起始点位置，或指出插入点的位置	0

续表

属 性	功 能	默认值
SelText	返回用户在控件的文本输入区内选定的文本，如果没有选定任何文本则返回零长度字符串（"）	0
SetAll	对容器对象中的全部或某一类控件设置属性	
SetFocus	为一个控件设置焦点	
SetViewPort	指定表单的 ViewPortLeft 和 ViewPortTop 属性	
Show	显示表单并指定该表单是模式的还是无模式的	
ShowTips	指定位于给定的 Form 对象和 ToolBar 对象上的控件是否显示工具提示	.F.-假
ShowWhatThis	显示带有 WhatsThisHelpID 属性的对象的帮助主题	
ShowWindow	指定在创建过程中表单窗口显示表单或工具栏	0-在屏幕中
Sizable	指定能否调整对象的大小	.T.-真
SizeBox	指定表单是否有"大小方框"（仅 Macintosh）	.F.-假
Sorted	指定列表框控件或组合框控件的列表部分内的条目是否自动以字母顺序排列	.F.-假
SpecialEffect	指定控件的不同格式选项	0-3 维
SplitBar	指定表格控件中是否显示拆分条	.T.-真
StatusBarText	指定在控件得到焦点时，状态栏中显示的文本	无
Stretch	指定如何对图象进行尺寸调整以放入一个控件	0-剪裁
StrictDateEntry	指定日期和日期时间值是否必须以待定的、严格的格式来输入	1-严格
Style	指定控件的样式	0-正常
TabIndex	指定一个页对象上各控件的【Tab】键次序以及表单集中各表单对象的【Tab】键次序	1
Tabs	指定页框控件有无选项卡	.T.-真
TabStop	指定用户能否用【Tab】键将焦点移到对象上	.T.-真
TabStretch	指定页框控件不能容纳选项卡时的行为	1-单行
TabStyle	指定页框的选项卡是 Justified 的还是 Non-Justified 的	0-两端
Tag	存储用户程序所需的任何额外数据	（无）
TerminateRead	指定单击某一控件时，Form 或 FormSet 对象是否将处于不活动状态	.F.-假
Text	还原控件的文本输入区中的所有文字	0
TextHeight	返回字符串高度，该字符串将以当前字体输出	
TextWidth	返回字符串宽度，该字符串将以当前字体输出	
Timer Event	经过 Interval 属性中设定的毫秒时间间隔后发生	
TitleBar	指定表单的标题栏是否可见	1-打开
ToolTipText	指定控件的工具提示文本	无
Top	对于控件，指定其顶边相对于其父对象的顶边的距离。对于表单对象，指定表单的顶边与 Visual FoxPro 主窗口之间的距离	
TopIndex	指定出现在列表最上方位置的数据项	1
TopItemId	指定出现在列表最上方位置的数据项的标识	-1
UIEnable Event	每当页对象被激活或设置为不活动时，包含其中的全部对象都将产生该事件	
Unload Event	释放一个对象时发生	

续表

属　　性	功　　　　　能	默认值
UpClick Event	单击一个控件中的向上箭头按钮时发生	
Valid Event	在控件失去焦点前发生	
Value	指定控件的当前状态	无
ViewPortHeight	指定 Active Document 宿主程序视口的高度	250
ViewPortLeft	相对于表单的左边，指定 Active Document 宿主程序视口的左边坐标	0
ViewPortTop	相对于表单的顶边，指定 Active Document 宿主程序视口的顶边坐标	0
ViewPortWidth	指定 Active Document 宿主程序视口的宽度	375
Visible	指定对象是可见还是隐藏	.T.－真
VScrollSmallChange	指定表单垂直滚动条的滚动增量	10
WhatsThisButton	指定表单的标题栏上是否显示问号按钮	.F.－假
WhatsThisHelp	指定上下文相关的帮助是使用"这是什么"帮助，还是使用由 SET HELP 指定的 Windows 帮助文件	.F.－假
WhatsThisHelpID	指定一个帮助 ID 号给"这是什么帮助"	－1
WhatsThisMode	激活"这是什么帮助"模式并显示其相应的鼠标指针	
When Event	控件收到焦点前发生	
Width	指定对象的宽度	375
WindowState	指定表单窗口在运行期间是最小化还是最大化	0－普通
WindowType	指定表单集或表单对象在显示或用 DO 语句运行时如何动作	0－无模式
WordWrap	指定 AutoSize 属性为真（.T.）的标签控件是沿纵向扩展还是沿横向扩展	.F.－假
WriteExpression	用表达式设置属性	
ZoomBox	指定表单是否有"缩放方框"（仅 Macintosh）	.F.－假
ZOrder	将指定的表单对象或控件置于其 z-order 的前端或后端	

附录 **D** Visual FoxPro 6.0 常用函数一览表

本附录中使用的函数参数具有其英文单词（串）表示的意义，如 nExpression 表示参数为数值表达式，cExpression 为字符串表达式，lExpression 为逻辑型表达式等。

函　　数	功　　能
&	宏代换函数
ABS(nExpression)	求绝对值
ACLASS(ArrayName,oExpression)	将对象的类名代入数组
ACOPY(SourceArrayName,DestinationArrayName [,nFirstSourceElement[,nNumberElements[, n First – DestElement]]])	复制数组
ACOS(nExpression)	返回弧度制反余弦值
ADATABASES(ArrayName)	将打开的数据库的名字代入数组
ADBOBJECTS(ArrayName，cSetting)	将当前数据库中如表等对象的名字代入数组
ADDBS(cPath)	在路径末尾加反斜杠
ADEL(ArrayName，nElementNumber[,2])	删除一维数组元素，或删除二维数组的行或列
ADIR(ArrayName[,cFileSkeleton[,cAttribute]])	文件信息写入数组并返回文件数
AELEMENT(ArrayName,nRowSubscript[,nColumnSubscript])	由数组下标返回数组元素号
AERROR(ArrayName)	创建包含最近 Visual FoxPro、OLE、ODBC 错误信息的数组
AFIELDS(ArrayName[,nWorkArea | cTableAlias])	当前表的结构存入数组并返回字段数
AFONT(ArrayName[,cFontName[,nFontSize]])	将字体名、字体尺寸代入数组
AGETCLASS(ArrayName[,cLibraryName[,cClassName[,cTitleText [,cFileNameCaption[,cButtonCaption]]]]])	在打开对话框中显示类库，并创建包含类库名和所选类的数组
AGETFILEVERSION(ArrayName，cFileName)	创建包含 Windows 版本文件信息的数组
AINS(ArrayName，nElementNumber[,2])	一维数组插入元素，二维数组插入行或列
AINSTANCE(ArrayName,cClassName)	类的实例代入数组，并返回实例数
ALENE(ArrayName[,nArrayAttribute])	返回数组元素数，或返回行或列数
ALIAS([nWorkArea | cTableAlias])	返回表的别名，或指定工作区的别名
ALINES(ArrayName,cExpression[,1Trim])	字符表达式或备注型字段按行复制到数组
ALLTRIM(cExpression)	删除字符串前后空格
AMEMBERS(ArrayName,ObjectName | cClassName[,1|2])	将对象的属性、过程、对象成员名代入数组
AMOUSEOBJ(ArrayName[,1])	创建包含鼠标指针位置信息的数组
ANETRESOURCES(ArrayName,cNetworkName,nResourceType)	将网络共享或打印机名代入数组，返回资源数
APRINTERS(ArrayName)	将 Windows 打印管理器当前的打印机名代入数组
ASC(cExpression)	返回字符串首字符的 ASCII 码值

续表

函　　　　数	功　　　能
ASCAN(ArrayName,eExpression[,nStartElement[,nElementsSearched]])	数组中找指定表达式
ASELOBJ(ArrayName,[1|2])	将表单设计器当前控件的对象引用代入数组
ASIN(nExpression)	求反正弦值
ASORT(ArrayName[,nStartElement[,nNumberStorted[,nSortOrder]]])	将数组元素排序
ASUBSCRIPT(ArrayName,nElementNumber, nSubscript)	返回该序号元素的行或列的下标
AT(cSearchExpression,cExpressionSearch[,nOccurrence])	求子字符串起始位置
AT_C(cSearchExpression,cExpressionSearched[,nOccurrence])	可用于双字节字符表达式，对于单字节功能同 AT
ATAN(nExpression)	求反正切值
ATC(cSearchExpression,cExpressionSearched[,nOccurrence])	类似 AT，但不分大小写
ATCC(cSearchExpression,cExpressionSearched[,nOccurrence])	类似 AT_C，但不分大小写
ATCLINE(cSearchExpression,cExpressionSearched)	子串行号函数
ATLINE(cSearchExpression,cExpressionSearched)	子串行号函数，但不分大小写
ATN2(nYcoordinate,nXCoordinate)	由坐标值求反正切值
AUSED(ArrayName[,nDataSessionNumber])	将表的别名和工作区代入数组
AVCXCLASSES(ArrayName,cLibraryName)	将类库中类的信息代入数组
BAR()	返回所选弹出式菜单或 Visual FoxPro 菜单命令项号
BETWEEN(eTestValue,eLowValue,eHighValue)	表达式值是否在其它两个表达式值之间
BINTOC(nExpression[,nSize])	整型值转换为二进制字符
BITAND(nExpression1,nExpression2)	返回两个数值按二进制 AND 操作的结果
BITCLEAR(nExpression1,nExpression2)	对数值中指定的二进制位置零，并返回结果
BITLSHIFT(nExpression1,nExpression2)	返回数值二进制左移结果
BITNOT(nExpression)	返回数值按二进制 NOT 操作的结果
BITOR(nExpression1,nExpression2)	返回数值按二进制 OR 操作的结果
BITRSHIFT(nExpression1,nExpression2)	返回数值按二进制右移结果
BITSET(nExpression1,nExpression2)	对数值中指定的二进制位置设为 1，并返回结果
BITTEST(nExpression1,nExpression.2)	若数值中指定的二进制位置设 1 则返回.T.
BITXOR(nExpression1,nExpression2)	返回数值按二进制 XOR 操作的结果
BOF(nWorkArea | cTableAlias)	记录指针是否移动到文件头
CANDIDATE([nIndexNumber][,nWorkArea | cTableAlias])	索引标识是否是候选索引
CAPSLOCK([1Expression])	返回【Caps Lock】键的状态 on 或 off
CDOW(dExpression | tExpression)	返回英语的星期几
CDX(nIndexNumber[,nWorkArea | cTableAlias])	返回复合索引文件名
CEILING(nExpression)	返回不小于某值的最小整数
CHR(nANSICode)	由 ASCII 码转相应字符
CHRSAW([nSeconds])	键盘缓冲区是否有字符
CHRTRAN(cSearchedExpression, cSearchExpression, cReplacementExpression)	替换字符

续表

函　　数	功　　能
CHRTRANC(cSearched,cSearchFor,cReplacement)	替换双字节字符，对于单字节等同于 CHRTRAN
CMONTH(dExpression | tExpression)	返回英语的月份
CNTBAR(cMenuName)	返回菜单项数
CNTPAD(cMenuBarName)	返回菜单标题数
COL()	返回光标所在列，现用 CurrentX 属性代替
COMPOBJ(oExpression1,oExpression2)	比较两个对象属性相同否
COS(nExpression)	返回余弦值
CPCONVERT(nCurrentCodePage,nNewCodePage,cExpression)	备注型字段或字符表达式转为另一代码页
CPCURRENT([1|2])	返回 Visual FoxPro 配置文件或操作系统代码页
CPDBF([nWorkArea | cTableAlias])	返回打开的表被标记的代码页
CREATEBINARY(cExpression)	将字符型数据转换为二进制字符串
CREATEOBJECT(ClassName[,eParameter1,eParameter2,…])	根据类定义创建对象
CREATEOBJECTEX(cCLSID|cPROGID,cComputerName)	创建远程计算机上注册为 COM 对象的实例
CREATEOFFLINE(ViewName[,cPath])	取消存在的视图
CTOBIN(cExpression)	将二进制字符转换为整数值
CTOD(cExpression)	将字符串转换为日期型
CTOT(cCharacterExpression)	根据字符表达式返回日期时间
CURDIR()	返回 DOS 当前目录
CURSORGETPROP(cProperty[,nWorkArea | cTableAlias])	返回为表或临时表设置的当前属性
CURSORSETPROP(cProperty[,eExpression][,cTableAlias | nWorkArea])	为表或临时表设置属性
CURVAL(cExpression[,cTableAlias|nWorkArea])	直接从磁盘返回字段值
DATE([nYear,nMonth,nDay])	返回当前系统日期
DATETIME([nYear,nMonth,nDay[,nHours[,nMinutes[,nSeconds]]]])	返回当前日期时间
DAY(dExpression|tExpression)	返回日期数
DBC()	返回当前数据库名
DBF([cTableAlias | nWorkArea])	指定工作区中的表名
DBGETPROP()	返回当前数据库、字段、表或视图的属性
DBSETPROP(cName,cType,cProperty,ePropertyValue)	为当前数据库、字段、表或视图设置属性
DBUSED(cDatabaseName)	数据库是否打开
DDEAbortTrans(nTransactionNumber)	中断 DDE 处理
DDEAdvise(nChannelNumber, cItemName, cUDFName, nLinkType)	创建或关闭一个温式或热式连接
DDEEnabled([lExpression1|nChannelNumber[,lExpression2]])	允许或禁止 DDE 处理，或返回 DDE 状态
DDEExecute(nChannelNumber,cCommand[,cUDFName])	利用 DDE，执行服务器的命令
DDEInitiate(cServiceName,cTopicName)	建立 DDE 通道，初始化 DDE 对话
DDELastError()	返回最后一次 DDE 函数的错误

函　　　数	功　　　能
DDEPoke(nChannelNumber,cItemName,cDataSent[,cDataFormat[,cUDFName]]	在客户机和服务器之间传送数据
DDERequest(nChannelName,cIremName[,cDataFormat[,cUDFName]])	向服务器程序获取数据
DDESetOption(cOption[,nTimeoutValue|lExpression])	改变或返回 DDE 设置
DDESetService(cServiceName,cOption[,cDataFormat|lExpression])	创建、释放或修改 DDE 服务名和设置
DDETerminate(nChannelNumber|cServiceName)	关闭 DDE 通道
DELETED([cTableAlias|nWorkArea])	测试指定工作区当前记录是否有删除标记
DIFFERENCE(cExpression1,cExpression2)	用数表示两字符串拼法区别
DIRECTORY(cDirectoryName)	目录在磁盘上找到则返回.T.
DISKSPACE([cVolumeName])	返回磁盘可用空间字节数
DMY(dExpression|tExpression)	以 day-month-year 格式返回日期
DOW(dExpression,tExpression[,nFirstDayOfWeek])	返回星期几
DRIVETYPE(cDrive)	返回驱动器类型
DTOC(dExpression|tExpression[,1])	日期型转字符型
DTOR(nExpression)	将度转为弧度
DTOS(dExpression|tExpression)	以 yyyymmdd 格式返回字符串日期
DTOT(sDateExpression)	以日期表达式返回日期时间
EMPTY(eExpression)	表达式是否为空
EOF([nWorkArea|cTableAlias])	记录指针是否在表尾后面
ERROR()	返回错误号
EVALUATE(cExpression)	返回表达式的值
EXP(nExpression)	返回指数值
FCHSIZE(nFileHandle,nNewFileSize)	改变文件的大小
FCLOSE(nFileHandle)	关闭文件或通信口
FCOUNT([nWorkArea|cTableAlias])	返回字段数
FCREATE(cFileName[,nFileAttribute])	创建并打开低级文件
FDATE(cFileName[,nType])	返回最后修改日期或日期时间
FEOF(nFileHandle)	指针是否指向文件尾部
FERROR()	返回执行文件的出错信息号
FFLUSH(nFileHandle)	存盘
FGETS(nFileHandle[,nBytes])	取文件内容
FIELD(nFieldNumber[,nWorkArea|cTableAlias])	返回字段名
FILE(cFileName)	测试指定文件名是否存在
FILETOSTR(cFileName)	以字符串返回文件内容
FILTER([nWorkArea|cTableAlias])	SET FILTER 中设置的过滤器
FKLABEL(nFunctionKeyNumber)	返回功能键名
FKMAX()	可编程的功能键个数

续表

函　　　数	功　　　能
FLOCK([nWorkArea|cTableAlias])	试图对当前表或指定表加锁
FLOOR(nExpression)	返回不大于指定数的最大整数
FONTMETRIC (nAttribute[,cFontName,nFontSize[,cFontStyle]])	从当前安装的操作系统字体中返回字体属性
FOPEN(cFileName[,nAttribute])	打开文件
FOR(nIndexNumber[,nWorkArea|cTableAlias])	返回索引表达式
FOUND(nWorkArea|cTableAlias)	最近一次搜索数据是否成功
FPUTS(nFileHandle,cExpression[,nCharactersWritten])	向文件中写内容
FREAD(nFileHandle,nBytes)	读文件内容
FSEEK(nFileHandle,nBytesMoved[,nRelativePosition])	移动文件指针
FSIZE(cFieldName[,nWorkArea|cTableAlias]|cFileName)	指定字段字节数
FTIME(cFileName)	返回文件最后修改时间
FULLPATH(cFileName1[,nMSDOSPath|cFileName2])	路径函数
FV(nPayment,nInterestRate,nPeriods)	未来值函数
FWRITE(nFileHandle,cExpression[,nCharactersWritten])	向文件写内容
GETBAR(MenuItemName,nMenuPosition)	返回菜单项数
GETCOLOR([nDefaultColorNumber])	显示窗口颜色对话框，返回所选颜色数
GETCP([nCodePage][,cText][,cDialogTitle])	显示代码页对话框
GETDIR([cDirectory[,cText]])	显示选择目录对话框
GETENV(cVariableName)	返回指定的 MS-DOS 环境变量内容
GETFILE([cFileExtensions][,cText][,cOpenButtonCaption][,nButtonType][,cTitleBarCaption])	显示打开对话框，返回所选文件名
GETFLDSTATE(cFontName | nFieldNumber[,cTableAlias | nWorkArea])	表或临时表的字段被编辑返回数值
GETFONT(cFontName[,nFontsize[,cFontStyle]])	显示字体对话框，返回选取的字体名
GETHOST()	返回对象引用
GETOBJECT(FileName[,ClassName])	激活自动对象，创建对象引用
GETPAD(cMenuBarName,nMenuBarPosition)	返回菜单标题
GETPEM(oObjectName|cClassName,cProperty|cEvent|cMethod)	返回属性值、事件或方法程序的代码
GETPICT([cFileExtensions][,cFileNameCaption][,cOpenButtonCaption])	显示打开图像对话框，返回所选图像文件名
GETPRINTER()	显示打印对话框，返回所选打印机名
GOMONTH(dExpression|tExpression,nNumberOfMonths)	返回指定月的日期
HEADER([nWorkArea|cTableAlias])	返回当前表或指定表头部的字节数
HOME([nLocation])	返回 Visual FoxPro 和 Visual Studio 目录名
HOUR(tExpression)	返回小时
IIF(lExpression,eExpression1,eExpression2)	IIF 函数，类似于 IF…ENDIF
INDBC(cDatabaseObjectName,cType)	指定的数据库是当前数据库则返回.T.
INDEXSEEK(eExpression[,lMovePointer[,nWorkArea|cTableAlias[,nIndexNumber|cIDXIndexFileName|cTagName]]])	不移动记录指针搜索索引表

函　数	功　能
INKEY([nSeconds][,cHideCursor])	返回所按键的 ASCII 码
INLIST(eExpression1,eExpression2[,eExpression3···])	表达式是否在表达式清单中
INSMODE(lExpression)	返回或设置 INSERT 方式
INT(nExpression)	取整
ISALPHA(cExpression)	字符串是否以字母开头
ISBLANK(eExpression)	表达式是否空格
ISCOLOR()	是否在彩色方式下运行
ISDIGIT(cExpression)	字符串是否以数字开头
ISEXCLUSIVE([TableAlias | nWorkArea | cDatabaseName[,nType]])	表或数据库独占打开则返回.T.
ISFLOCKED(nWorkArea|cTableAlias)	返回表锁定状态
ISLOWER(cExpression)	字符串是否以小写字母开头
ISMOUSE()	有鼠标硬件则返回.T.
ISNULL(eExpression)	表达式是 NULL 值则返回.T.
ISREADONLY(nWorkArea | cTableAlias)	决定表是否只读打开
ISRLOCKED([nRecordNumber,[nWorkArea|cTableAlias]])	返回记录锁定状态
ISUPPER(cExpression)	字符串是否以大写字母开头
JUSTDRIVE(cPath)	从全路径返回驱动器字符
JUSTEXT(Cpath)	从全路径返回 3 个字符的扩展名
JUSTFNAME(cFileName)	从全路径返回文件名
JUSTPATH(cFileName)	返回路径
JUSTSTEM(cFileName)	返回文件主名
KEY([CDXFileName,]nIndexNumber[,nWorkArea | cTableAlias])	返回索引关键表达式
KEYMATCH(eIndexKey[,nIndexNumber[,nWorkArea | cTableAlias]])	搜索索引标识或索引文件
LASTKEY()	取最后按键值
LEFT(cExpression,nExpression)	取字符串左子串函数
LEFTC(cExpression,nExpression,)	字符串左子串函数，用于双字节字符
LEN(cExpression)	字符串长度函数
LENC(cExpression)	字符串长度函数，用于双字节字符
LIKE(cExpression1,cExpression2)	字符串包含函数
LIKEC(cExpression1,cExpression2)	字符串包含函数，用于双字节字符
LINENO([1])	返回从主程序开始的程序执行行数
LOADPICTURE([cFileName])	创建图形对象引用
LOCFILE(cFileName[,cFileExtensions][,cFileNameCaption])	查找文件函数
LOCK([nWorkArea|cTableAlias]|[cRecordNumberList,nWorkArea|cTableAlias])	对当前记录加锁

续表

函　　数	功　　能
LOG(nExpression)	求自然对数函数
LOG10(nExpression)	求常用对数函数
LOOKUP(ReturnField,eSearchExpression,SearchedField[,cTagName])	搜索表中匹配的第 1 个记录
LOWER(cExpression)	大写转换小写函数
LTRIM(cExpression)	除去字符串前导空格
LUPDATE([nWorkArea | cTableAlias])	返回表的最后修改日期
MAX(eExpression1,eExpression2[,eExpression3…])	求最大值
MCOL([cWindowName[,nScaleMode]])	返回鼠标指针在窗口中列的位置
MDX(nINdexNumber[,nWorkArea | cTableAlias])	由序号返回.cdx 索引文件名
MDY(dExpression | tExpression)	返回 mouth-day-year 格式日期或日期时间
MEMLINES(MemoFieldName)	返回备注型字段行数
MEMORY()	返回内存可用空间
MENU()	返回活动菜单项名
MESSAGE([1])	由 ON ERROR 所得的出错信息字符串
MESSAGEBOX(cMessageText[,nDialogBoxType[,cTitleBarText]])	显示信息对话框
MIN(eExpression1,eExpression2[,eExpression3…])	求最小值函数
MINUTE(tExpression)	从日期时间表达式返回分钟
MLINE(MemoFieldName,nLineNumber[,nNumberOfCharacters])	从备注型字段返回指定行
MOD(nDividend,nDivisor)	相除返回余数
MONTH(dExpression | tExpression)	求月份函数
MRKBAR(cMenuName,nMenuItemNumber | cSystemMenuItemName)	菜单项是否作标识
MRKPAD(cMenuBarName,cMenuTitleName)	菜单标题是否作标识
MROW([cWindowName[,nScaleMode]])	返回鼠标指针在窗口中行的位置
MTON(mExpression)	从货币表达式返回数值
MWINDOW([cWindowName])	鼠标指针是否指定在窗口内
NDX(nIndexNumber[,nWorkArea | cTableAlias])	返回索引文件名
NEWOBJECT(cClassName[,cModule[,cInApplication[,eParameter1，eParameter2，…]]])	从.vcx 类库或程序创建新类或对象
NTOM(nExpression)	数值转换为货币
NUMLOCK([lExpression])	返回或设置【Num Lock】键状态
OBJTOCLIENT(ObjectName,nPosition)	返回控件或与表单有关对象的位置或大小
OCCURS(cSearchExpression,cExpressionSearched)	返回字符表达式出现次数
OEMTOANSI()	将 OEM 字符转换成 ANSI 字符集中的相应字符
OLDVAL(cExpression[,cTableAlias | nWorkArea])	返回源字段值
ON(cOnCommand[,KeyLabelName])	返回发生指定情况时执行的命令
ORDER([nWorkArea | cTableAlias[,nPath]])	返回控制索引文件或标识名
OS([1|2])	返回操作系统名和版本号

续表

函　　　　　数	功　　　　　能
PAD([cMenuTitle[,cMenuBarName]])	返回菜单标题
PADL(eExpression,nResultSize[,cPadCharacter])	返回串，并在左边、右边、两头加字符
PARAMETERS()	返回调用程序时传递参数个数
PAYMENT(nPrincipal,nInterestRate,nPayments)	分期付款函数
PCOL()	返回打印机头当前的列坐标
PCOUNT()	返回经过当前程序的参数个数
PEMSTATUS(oObjectName │ cClassName,cProperty │ cEvent │ cMethod │)	返回属性
PI()	返回 π 常数
POPUP([cMenuName])	返回活动菜单名
PRIMARY([nIndexNumber][,nWorkArea │ cTableAlias])	主索引标识返回.T.
PRINTSTATUS()	打印机在线返回.T.
PRMBAR(MenuName,nMenuItemNumber)	返回菜单项文本
PRMPAD(MenuBarName,MenuTitleName)	返回菜单标题文本
PROGRAM([nLevel])	返回当前执行程序的程序名
PROMPT()	返回所选的菜单标题的文本
PROPER(cExpression)	首字母大写，其余字母小写形式
PROW()	返回打印机头当前的行坐标
PRTINFO(nPrinterSetting[,cPrinterName])	返回当前指定的打印机设置
PUTFILE([cCustomText][,cFileName][,cFileExtensions])	引用 Save As 对话框，返回指定的文件名
RAND([nSeedValue])	生成 0~1 之间的一个随机数
RAT(cSearchExpression,cExpressionSearched[,nOccurrence])	返回最后一个子串位置
RATLINE(cSearchExpression,cExpressionSearched)	返回最后行号
RECCOUNT([nWorkArea │ cTableAlias])	返回记录个数
RECNO([nWorkArea │ cTableAlias])	返回当前记录号
RECSIZE([nWorkArea │ cTableAlias])	返回记录长度
REFRESH ([nRecords [,nRecordOffset]] [,cTableAlias │ nWorkArea])	更新数据
RELATION(nRelationNumber[,nWorkArea │ cTableAlias])	返回关联表达式
REPLICATE(cExpression,nTimes)	返回重复字符串
REQUERY([nWorkArea │ cTableAlias])	搜索数据
RGB(nRedValue,nGreenValue,nBlueValue)	返回颜色值
RGBSCHEME(nColorSchemeNumber[,nColorPairPosition])	返回 RGB 色彩对
RIGHT(cExpression, nCharacters)	返回字符串的右子串
RLOCK([nWorkArea │ cTableAlias] │ [cRecordNumberList,nWorkArea │ cTableAlias])	记录加锁
ROUND(nExpression,nDecimalPlaces)	四舍五入
ROW()	光标行坐标

续表

函　　　　数	功　　　　能
RTOD(nExpression)	弧度转化为角度
RTRIM(cExpression)	去掉字符串尾部空格
SAVEPICTURE(oObjectReference,cFileName)	创建位图文件
SCHEME(nSchemeNumber[,nColorPairNumber])	返回一个颜色对
SCOLS()	屏幕列数函数
SEC(tExpression)	返回秒
SECONDS()	返回经过秒数
SEEK(eExpression[,nWorkArea ｜ cTableAlias[,nIndexNumber ｜ cIDXIndexFileName ｜ cTagName]])	索引查找函数
Select([0｜1｜cTableAlias])	返回当前工作区号
SET(cSETCommand[,1cExpression｜2｜3])	返回指定 SET 命令的状态
SIGN(nExpression)	符号函数，返回数值 1、-1 或 0
SIN(nExpression)	求正弦值
SKPBAR(cMenuName,MenuItemNumber)	决定菜单项是否可用
SKPPAD(cMenuBarName,cMenuTitleName)	决定菜单标题是否可用
SOUNDEX(cExpression)	字符串语音描述
SPACE(nSpaces)	产生空格字符串
SQLCANCEL(nConnectionHandle)	取消执行 SQL 语句查询
SQRT(nExpression)	求平方根
SROWS()	返回 Visual FoxPro 主屏幕可用行数
STR(nExpression[,nLength[,nDecimalPlaces]])	数字型转换字符型
STRCONV(cExpression,nConversionSetting[,nLocaleID])	字符表达式转为单精度或双精度描述的串
STRTOFILE(cExpression,cFileName[,lAdditive])	字符串写入文件
STRTRAN(cSearched,cSearchFor[,cReplacement][,nStartOccurrence][,nNumberOfOccurrences])	子串替换
STUFF(cExpression,nStartReplacement,nCharacterReplaced,cReplacement)	修改字符串
SUBSTR(cExpression,nStartPosition[,nCharactersReturned])	求子串
SYS()	返回 Visual FoxPro 的系统信息
SYS(0)	返回网络计算机信息
SYS(1)	旧历函数
SYS(2)	返回当天秒数
SYS(3)	取文件名函数
SYS(5)	默认驱动器函数
SYS(6)	打印机设置函数
SYS(7)	格式文件名函数
SYS(9)	Visual FoxPro 序列号函数
SYS(10)	新历函数

函　　数	功　　能
SYS(11)	旧历函数
SYS(12)	内存变量函数
SYS(13)	打印机状态函数
SYS(14)	索引表达式函数
SYS(15)	转换字符函数
SYS(16)	执行程序名函数
SYS(17)	中央处理器类型函数
SYS(21)	控制索引号函数
SYS(22)	控制标识或索引名函数
SYS(23)	EMS 存储空间函数
SYS(24)	EMS 限制函数
SYS(100)	SET CONSOLE 状态函数
SYS(101)	SET DEVICE 状态函数
SYS(102)	SET PRINTER 状态函数
SYS(103)	SET TALK 状态函数
SYS(1001)	内存总空间函数
SYS(1016)	用户占用内存函数
SYS(1037)	打印设置对话框函数
SYS(1270)	对象位置函数
SYS(1271)	对象的.scx 文件函数
SYS(2000)	输出文件名函数
SYS(2001)	指定 SET 命令当前值函数
SYS(2002)	光标状态函数
SYS(2003)	当前目录函数
SYS(2004)	系统路径函数
SYS(2005)	当前源文件名函数
SYS(2006)	图形卡和显示器函数
SYS(2010)	返回 CONFIG.sys 中文件设置
SYS(2011)	加锁状态函数
SYS(2012)	备注型字段数据块尺寸函数
SYS(2013)	系统菜单内部名函数
SYS(2014)	文件最短路径函数
SYS(2015)	唯一过程名函数
SYS(2018)	错误参数函数
SYS(2019)	Visual FoxPro 配置文件名和位置函数
SYS(2020)	返回默认盘空间
SYS(2021)	索引条件函数
SYS(2022)	簇函数
SYS(2023)	返回临时文件路径

续表

函　　　　数	功　　　　能
SYS(2029)	表类型函数
SYSMETRIC(nScreenElement)	返回窗口类型显示元素的大小
TAG([CDXFileName,]nTagNumber[,nWorkArea|cTableAlias])	返回一个 .cdx 的标识名或 .idx 索引文件名
TAGCOUNT([CDXFileName[nExpression|cExpression]])	返回 .cdx 标识或 .idx 索引数
TAGNO([IndexName [,CDXFileName [,nExpression | cExpression]]])	返回 .cdx 标识或 idx 索引位置
TAN(nExpression)	正切函数
TARGET(nRelationshipNumber[,nWorkArea|cTableAlias])	被关联表的别名
TIME([nExpression])	返回系统时间
TRANSFORM(eExpression[,cFormatCodes])	按格式返回字符串
TRIM(cExpression)	去掉字符串尾部空格
TTOC(tExpression[,1|2])	将日期时间转换为字符串
TTOD(tExpression)	从日期时间返回日期
TXNLEVEL()	返回当前处理的级数
TXTWIDTH(cExpression[,cFontName,nFontSize[,cFontStyle]])	返回字符串表达式的长度
TYPE(cExpression)	返回表达式类型
UPDATED()	用 InteractiveChange 或 ProgrammaticChange 事件来代替
UPPER(cExpression)	将小写转换成大写
USED([nWorkArea|cTableAlias])	决定别名是否已用或表被打开
VAL(cExpression)	将字符串转换为数字型
VARTYPE(eExpression[,lNullDataType])	返回表达式的数据类型
VERSION(nExpression)	FoxPro 版本函数
WBORDER([WindowName])	窗口边框函数
WCHILD([WindowName][nChildWindow])	子窗函数
WCOLS([WindowName])	窗口列函数
WEEK (dExpression，tExpression [，nFirstWeek] [，nFirstDayOfWeek])	返回一年的星期数
WEXIST(WindowName)	窗口存在函数
WFONT(nFontAttribute[,WindowName])	返回当前窗口字体的名称、类型和大小
WLAST([WindowName])	前一窗口函数
WLCOL([WindowName])	窗口列坐标函数
WLROW([WindowName])	窗口横坐标函数
WMAXIMUM([WindowName])	窗口是否最大函数
WMINIMUM([WindowName])	窗口是否最小函数
WONTOP([WindowName])	最前窗口函数
WOUTPUT([WindowName])	输出窗口函数
WPARENT([WindowName])	父窗函数
WROWS([WindowName])	返回窗口行数
WTITLE([WindowName])	返回窗口标题
WVISIBLE([WindowName])	返回窗口是否可见
YEAR(dExpression | tExpression)	返回日期型数据的年份

附录 E Visual FoxPro 常用文件类型一览表

文 件 类 型	扩 展 名	说　　　明
生成的应用程序	.app	可在 Visual FoxPro 环境支持下，用 DO 命令运行该文件
复合索引	.cdx	结构复合索引文件
数据库	.dbc	存储有关该数据库的所有信息（包括和它关联的文件名和对象名）
表	.dbf	存储表结构及记录
数据库备注	.dct	存储相应.dbc 文件的相关信息
Windows 动态链接库	.dll	包含能被 Visual FoxPro 和其他 Windows 应用程序使用的函数
可执行程序	.exe	可脱离 Visual FoxPro 环境而独立运行
Visual FoxPro 动态链接库	.fll	与.dll 类似，包含专为 Visual FoxPro 内部调用建立的函数
报表备注	.frt	存储相应的.frx 文件的有关信息
报表	.frx	存储报表的定义数据
编译后的程序文件	.fxp	对.prg 文件进行编译后产生的文件
索引、压缩索引	.idx	单个索引的标准索引及压缩索引文件
标签备注	.lbt	存储相应的.lbt 文件的有关信息
标签	.lbx	存储标签的定义数据
内存变量	.mem	存储已定义的内存变量，以便在需要时可恢复它们
菜单备注	.mnt	存储相应的.mnx 文件的有关信息
菜单	.mnx	存储菜单的格式
生成的菜单程序	.mpr	根据菜单格式文件而自动生成的菜单程序文件
编译后的菜单程序	.mpx	编译后的程序菜单程序
ActiveX（或 OLE）控件	.ocx	将.ocx 并到 Visual FoxPro 后，可像基类一样使用其中的对象
项目备注	.pjt	存储相应的.pjx 文件的相关信息
项目	.pjx	实现对项目中各类型文件的组织
程序	.prg	也称命令文件，存储用 Visual FoxPro 语言编写的程序
生成的查询程序	.qpr	存储通过查询设计器设置的查询条件和查询输出要求等
编译后的查询程序	.qpx	对.pqr 文件进行编译后产生的文件
表单	.scx	存储表单格式文件
表单备注	.sct	存储相应.scx 文件的有关信息
文本	.txt	供 Visual FoxPro 与其他应用程序进行数据交换使用
可视类库	.vcx	存储一个或多个类定义